KB220554

KNITTING FOR OLIVE.
TWENTY MODERN KNITTING PATTERNS
FROM THE ICONIC DANISH BRAND
by Caroline Larsen and Pernille Larsen

© Caroline Larsen and Pernille Larsen and JP/Politikens Hus A/S 2023
Korean Translation © 2024 The Angle Books Co., Ltd.
All rights reserved.
The Korean language edition is published by arrangement with
Politiken Literary Agency through MOMO Agency, Seoul

이 책의 한국어판 저작권은 모모 에이전시를 통해
Politiken Literary Agency 사와의 독점 계약으로 ㈜앵글북스에 있습니다.
저작권법에 의해 한국 내에서 보호를 받는 저작물이므로 무단 전재 및 무단 복제를 금합니다.

KNITTING

FOR OLIVE

KNITTING
FOR OLIVE

니팅 포 올리브 지음 · **이성아** 옮김 · **강혜빈** 감수

Angle Books

목차

___

'니팅 포 올리브', 그 여정의 시작

—

2015년 8월 어느 한적한 저녁, 우리 모녀는 주방 테이블에 커피잔과 뜨개바늘을 놓고 앉았다. 아이들은 이미 꿈나라였고 코펜하겐의 아담한 집에는 고요함이 내려앉았다. 우리는 엄마가 손주들을 위해 수도 없이 디자인하고 만든 옷의 도안을 모아 판매해 보자고 오랜 시간 의논하던 참이었다. 문제는 우리가 한 번도 뜨개 지침서를 써본 적이 없고 '제대로 된' 뜨개 도안을 그리는 법도 모른다는 거였다.

하지만 영유아와 어린이를 위한 뜨개 아이템이 점차 인기를 끌고 있다는 점만은 확실했다. 또 우아하고 클래식한 전통 덴마크 뜨개 기법을 요즘 스타일로 재현하고 싶다는 욕구도 있었다. 우리는 일단 도전해 보기로 결심했다.

바로 그 자리에서 뜨개 브랜드 설립에 착수했다. 나는 인스타그램 계정부터 만들고 온라인 쇼핑몰이라는 생경한 분야에 파고들었다. 엄마는 디자인을 가다듬고 아이템별 사이즈를 재며 도안 그리는 법을 배우기 시작했다. 처음부터 서로의 역할은 분명했다. 엄마는 뜨개 도안을 만들고 나는 그걸 파는 것이다.

그렇게 첫발을 내디뎠다. 앞으로 이어질 긴 여정의 시작이었다.

'니팅 포 올리브'의 탄생

—

첫 업무는 브랜드 이름을 짓는 일이었다. 인스타그램 프로필을 설정하고 온라인 쇼핑몰 주소를 등록하려면 이름이 있어야 했다. 무엇보다 회사를 세우려면 얼마간의 형식과 절차를 갖출 필요가 있었다.

여러 가지 후보를 두고 고민했다. 우선은 세계적으로 통하는 이름이었으면 했다. 우리는 포부가 컸다. 또 완성품을 파는 게 아니라 뜨개 도안을 판매한다는 사실이 확실히 드러나길 바랐다. 그래서 '니팅 포(Knitting for)'까지는 정할 수 있었다. 소중한 누군가를 위해 뜨개를 한다는 느낌이 좋았다. 니터들에게는 옷과 소품을 떠서 사랑하는 이에게 선물하는 것이 큰 기쁨이니 말이다.

이때만 해도 유아를 위한 도안만 판매할 예정이었으므로 누군가가 옷을 떠줘야 한다는 게 너무나 당연했다. 우리의 도안은 언제나 누군가를 위한 선물이 되는 것이니 이제 브랜드 명에 선물받을 이의 이름을 넣기만 하면 되었다. 하지만 누구의 이름을 넣어야 할까? 우리 아이들? 둘 중 한 아이를 어떻게 고르지? 게다가 나중에 아이가 더 태어난다면 얼마나 난처할까. 혹시라도 어른이 돼서 자기 이름이 브랜드 명칭으로 쓰인 게 싫을 수도 있을 텐데. 아이들의 이름을 넣는 건 지나치게 개인적인 것 같아서 편하지 않았다.

'니팅 포 섬원(someone)'이라고 할까도 잠깐 생각했다. 누구든 거기 들어갈 수 있다는 취지였다. 하지만 왠지 조금 인간미가 없어 보였다. 그러다 불현듯 '올리브'라는 이름이 떠올랐다!

올리브는 임신했을 때마다 매번 고민한 이름이다(아, 물론 임신은 두 번뿐이었지만 그때마다 올리브라는 이름을 고민했으니 '매번'이라 해도 무방하리라 믿는다). 엄마는 이 이름을 무척 좋아했다. 나도 딱히 싫어한 것은 아니지만 결과적으로는 우리 아이들은 누구도 올리브가 되지 않았다. 엄마 입장에서는 이제야말로 올리브를 얻을 기회가 생겼으니 놓칠 수 없었을 거다. '니팅 포 올리브'는 이렇게 탄생했다.

영감을 주는 사람들

—

브랜드 런칭이 정해지자 정말 해야 할 일이 많았다. 힘도 들었지만 재미있었다. 엄마는 첫 도안 설명서를 쓰기 시작했는데 그러면서도 머릿속으로는 벌써 새로운 디자인을 구상했다. 그동안 나는 인스타그램에 첫 사진을 올리고 온라인 쇼핑몰을 만들었다. 이때 올린 사진은 모두 발코니에서 스마트폰으로 찍은 것들이다. 당시에는 카메라가 없어 그게 최선이었다. 집에서 작업한 티가 좀 나긴 했지만 그래도 일단 시작했다는 데 의의가 있었다.

인스타그램 팔로어도 늘기 시작했다. 가족과 친구들이 내내 따뜻한 마음으로 우리를 응원해 주었지만, 진짜 사업을 시작했다는 실감이 난 건 처음으로 모르는 사람이 팔로했다는 알림이 떴을 때였다. 생각해 보라. 이제 막 첫발을 뗀 뜨개 사업에 생판 모르는 사람이 함께하겠다고 찾아온 것이다! 당시에는 인스타그램이 고객과 소통하는 유일한 창구여서, 거기 올라오는 격려의 말들이 정말 큰 힘이 되었다. 어서 본격적으로 사업을 시작하고 싶었다. 우리의 작은 뜨개 공간에 점점 더 많은 사람이 방문하기 시작했다. 어느 날 엄마와 마주 보고 나눈 대화가 지금도 생각난다.

"언젠가 팔로어가 백 명이 넘으면 어떨까? 얼굴도 모르는 사람들이 기대하고 지켜봐 준다니, 너무나 멋진 일이잖아!"

마침내 백 명의 팔로어가 채워졌다. 온라인에 모인 뜨개 동지들이 우리 브랜드를 따뜻하게 맞이해 주는 듯했다. 그즈음 인스타그램으로 활동하는 니터가 하나둘씩 늘었는데, 서로 작업물을 공유하고 칭찬하며 독려하곤 했다. 우리도 그들과 소통하며 영감을 얻었다. 인스타그램 속의 취미 공간은 니터들이 홀로, 혹은 함께 모여 창의력을 발휘하는 독특한 공간이었다.

처음 우리가 인스타그램에 올린 도안은 당연히 유아복이었다. 우리 두 아이가 입었던 발달린 레깅스, 나뭇잎 무늬로 밑단을 장식한 튜닉 탑, 보디슈트에 레이스를 덧댄 원피스 등의 아이템이 속속 업로드되었다.

엄마는 뜨개바늘이 달아오를 정도로 맹렬하게 일에 몰두했다. 예쁘면서도 실용적인 아이 옷을 만드는 게 엄마의 목표였다. 새로운 디자인은 여자아이를 위한 옷이었다. 몇 년 동안 손자 옷만 떠왔던 엄마는 내가 딸을 낳으면서 드디어 원피스를 뜰 수 있게 되었다. 다음 도 안이 주름을 잡은 레이스 원피스가 된 건 어찌 보면 당연한 일이다. 보디슈트에 치마를 덧 대는 기지를 발휘해, 눕거나 기어다닐 때 말려 올라가지 않고 기저귀도 보이지 않는 실용 적인 원피스를 완성했다. 프릴과 아이코드 코막음 기법이 멋을 더했다.

시간이 흘러 손주들이 자라고 필요한 옷이 달라지며 디자인의 폭도 넓어졌다. 입기 편하고 실용적이면서도 멋진 옷을 만드는 걸 목표로 미세한 디테일에 더 신경 썼다. 예쁜 아이 옷 을 보면 뜨개로 구현할 수 있을지 고심했다. 갓난아기 옷에만 쓸 수 있다는 한계가 있기는 했지만, 보디슈트를 위한 특별한 기법을 만들기도 했다. 생각했던 결과물을 내기 위해서 때로는 바텀업 대신에 탑다운이나 편물을 가로 방향으로 뜨는 방식 등을 사용했다.

우리 브랜드에는 쉬운 도안만 있는 건 아니었다. 까다로운 도안도 존재했다. 그럼에도 함 께하는 이들은 점차 늘었다. 난이도 높은 도안에 도전하는 걸 즐기는 사람들이 있다는 것 을, 그것도 꽤 많다는 사실을 새삼 깨달았다. 이렇게 많은 이들이 우리의 여정에 동참한다 는 게 무척 기뻤지만, 생각보다 더 많은 수에 살짝 겁이 났던 것도 사실이다.

더 나은 미래를 위한 선택

—

엄마가 열심히 도안을 만드는 동안 나는 온라인 쇼핑몰 운영에 집중했다. 주문이 들어올 때마다 이메일로 하나하나 도안을 전송하는 게 주된 업무였다. 고객의 주문에 늦지 않게 대응하려면 하루 종일 컴퓨터를 지켜보고 있어야 했다. 주문량이 그다지 많지 않았기에 가능한 일이었다. 원초적인 시스템이었지만 그때는 그게 최선이었다.

당시 우리에게는 본업이 있었고 뜨개는 부업에 불과했다. 요식업에 종사하던 엄마는 코펜하겐의 한 외식업계 체인점 인사팀장으로 일했고, 나는 조산사가 되기 위해 공부하고 있었다. 고객들의 이메일에 답을 보내고 사진을 찍고 아이디어를 나누는 일은 늦은 저녁이나 아이들을 재운 후에나 가능했다. 어느 날 저녁, 여느 때와 같이 이런저런 이야기를 나누다가 직접 실을 생산하는 건 어떨까 하는 의견이 나왔다. 물론 우리의 답은 이미 정해져 있었다.

니팅 포 올리브의 메리노 울

—

직접 실을 생산하자는 생각에는 이견이 없었다. 하지만 정확히 어디서부터 시작할지는 조율이 필요했다.

새로운 디자인이 나올 때마다 실 선택은 고민거리였다. 신경 써야 할 것이 너무나 많았다. 일단 3mm 바늘로 짜는 섬세한 유아복에 어울릴 만한 가벼운 실이어야 했다. 또 순모이거나 그게 아니라면 적어도 천연 섬유여야 했고, 아이들이 맨살에 바로 입을 수 있을 정도로 부드러워야 했다. 한동안은 스코틀랜드 고지의 양모를 썼다. 천연 섬유이기도 하고 여러 가지 면에서 꽤 쓸만했지만, 아기 옷으로 쓸 만큼 부드럽지 못한 것이 흠이었다. 잠시 알파카 실을 써보기도 했으나 느슨하게 짜인 알파카 섬유는 아기의 민감한 피부에 다소 거칠었다. 결국 정착한 것이 메리노 울이다. 메리노 울은 무척 부드러워 아이들 옷으로 만들기 딱 좋았다. 하지만 여기에도 문제는 있었다. 우선 슈퍼워시 처리된 실이 많았다(더 자세한 이야기는 37쪽 참고). 또 우리가 원하는 무게와 색깔을 찾기가 쉽지 않았다. 같은 갈색, 분홍색이라도 색감은 천차만별이다. 모든 조건을 완벽히 충족하는 실을 찾기란 불가능했다. 결국 우리는 원하는 색과 질감을 가진 메리노 울을 직접 생산하기로 결심했다.

곧바로 뜨개실 업체 몇 군데에 연락했다. 까탈스러운 조건을 모두 맞춰주는 곳을 찾아낸 건 기적에 가까웠다. 그렇게 니팅 포 올리브의 메리노 울이 탄생했다. 원하는 무게와 색감을 그대로 구현한 자연스러운 베이지색 6가지에 분홍색과 파란색을 더해, 총 8가지 염색실이었다. 처음엔 8가지로도 충분했다. 색상당 2kg 정도의 실 다발이 커다란 콘에 감겨 도착한 모습은 아직도 생생하다. 품질과 색감이 과연 기대에 미칠지 걱정한 것이 무색할 정도였다.

주방에서 콘에 감긴 실을 풀어 수동 와인더로 한 타래씩 감는 작업을 했다. 두꺼운 마닐라지 라벨에 실 정보를 적고, 다 감은 타래에 노끈으로 예쁘게 리본을 묶어 달았다. 품이 많이 들었지만 재미있었다. 고객의 반응은 긍정적이었고 주문도 조금씩 들어오기 시작했다. 그때마다 우리는 타래를 감고 라벨을 적은 뒤 노끈으로 묶어 포장했다. 유성 매직으로 포장지에 주소를 적고 스탬프를 찍어 유모차에 실은 뒤 근처 우체국까지 끌고 갔다. 온종일 감고, 적고, 묶고, 쌓고, 부치면 하루가 다 지났다. 그것도 잠시, 주문량이 늘자 좀 더 효율적으로 작업할 필요가 생겼다. 운 좋게 마침 엄마의 생일이 다가왔고, 엄마는 생일 선물 위시 리스트에 전자동 털실 와인더를 적었다.

곧 모든 과정에 속도가 붙었다. 더 이상 라벨을 일일이 적어 노끈으로 묶지 않았다. 실 정보를 프린트한 스티커를 종이띠에 붙여 전자동 와인더로 감은 타래에 둘렀다. 이렇게 하니 어느 정도 수요를 맞출 수 있게 되었다. 하지만 주문이 더 늘어나자, 이것마저도 힘에 부쳤다. 보다 신속 정확한 일처리가 필요했다.

여러모로 고민한 끝에 방적 공장에 실 감는 작업을 맡기기로 했다. 제작 비용이 꽤 올랐지만 브랜드가 어느 정도 자리를 잡은 상태라 추가 비용을 감당할 수 있었다. 띠지도 인쇄 업체에 맡기고, 우리는 타래에 띠지를 감는 작업만 했다. 한결 수월해졌지만 그것도 잠시였다. 밀려드는 주문을 처리하기 점점 버거워졌다. 본업을 유지하면서 도안을 만들고, 온라인 쇼핑몰을 관리하고, 이메일에 답장을 보내고, 인스타그램을 업데이트하는 것만으로 벅찼다. 그 와중에 아이들도 돌봐야 하는 강행군이었다.

다양한 실의 세계

—

요즘은 주문이 들어오면 바로 배송할 수 있도록 공장에서 아예 띠지가 감긴 상태로 타래를 받는다. 실의 종류도 늘었다. 퓨어 실크는 부드럽고 자극이 적으며 여름용 니트로 제격이다. 코튼 메리노도 여름용 니트로 좋은데, 메리노 울이 섞여 있어 순면보다 더 부드럽다. 메리노 울, 퓨어 실크, 코튼 메리노는 모두 동일한 게이지로 같은 크기의 편물을 뜰 수 있다. 예를 들어 메리노 울로 겨울용 긴팔 원피스를 떴다면 퓨어 실크나 코튼 메리노로 같은 크기의 여름용 민소매 원피스를 뜰 수 있다.

또 헤비 메리노가 있다. 이것도 100% 메리노 울이지만 기존의 메리노보다 약간 무거워서 두툼한 스웨터를 뜰 때 좋다. 헤비 메리노는 일반 메리노 무게의 정확히 두 배라서 헤비 메리노 도안을 일반 메리노로 뜨고 싶다면 실 2가닥을 잡고 뜨면 된다. 소프트 실크 모헤어는 나중에 추가된 실이다. 단독으로 떠도 되고, 메리노와 합사해도 좋다. 합사하면 폭신한 솜털의 느낌이 가미되어 가벼우면서도 고급스러운 니트를 만들 수 있다.

실을 직접 생산하자 실에 어울리는 섬유를 자유롭게 고를 수 있었다. 또한 합사했을 때 서로 조화를 이루도록 적절한 무게로 섬유를 짤 수도 있었다. 이러한 유연성은 새로운 디자인을 만드는 데 마중물이 되었다.

모헤어의 길고 헐거운 섬유는 아이들의 피부에 자극적일 수 있다. 아이들용 도안이 많은 우리는 모헤어를 대체할 만한 실을 찾아 나섰다. 가볍고 부드러워 다른 실을 보완할 수 있어야 하고 2가닥으로 뜨면 단독으로도 사용할 수 있는 실이 필요했다. 그렇게 '컴패터블 캐시미어'가 만들어졌다. 가볍고 부드러운 순 캐시미어로, 소프트 실크 모헤어를 완벽하게 대체하고 다른 실과 함께 쓰기에도 훌륭하다.

몇 년에 걸쳐 여러 실을 테스트하고 서로 배합하는 과정을 거쳐 최고의 결과물만을 남겼다. 코튼에 메리노를 섞을 때 메리노 30%가 가장 적당하다는 것을 알아내는 데는 시간이 좀 걸렸다. 10%는 너무 적고 50%는 너무 많아서 30%가 함유된 코튼 메리노만 살아남았다. 최상의 조합을 찾아내는 데는 시간이 다소 걸릴 수밖에 없다. 실제로 제작을 의뢰하고 완성된 타래를 배송받기까지 꽤 오랜 시간이 소요되기 때문이다. 다양한 샘플 뜨개실로 실제 옷을 떠보고 분석하며 원하는 실을 찾으려 노력한 시간은 무척 길었지만, 그만큼 흥미진진한 모험이었다. 무엇보다 우리 모녀가 실과 색상에 대해서는 절대 타협 못하는 성미를 가졌다는 걸 깨달은 시간이기도 했다.

지속 가능한 양모 생산을 위하여

—

현재 우리가 생산하는 실은 모두 친환경 기반이다. 하지만 처음부터 그랬던 것은 아니다. 이 분야에 발을 들인 후 새로운 사실을 많이 깨닫게 되었고, 조금씩 변화해 갔다. 처음에는 지속 가능성이 무엇인지도 몰랐다. 그런 단어를 들은 적도 없었고, 우리가 실천할 수 있는 게 있다는 사실도 몰랐다.

우리를 일깨운 건 어느 날 도착한 한 통의 이메일이었다. 문의 메일을 보낸 고객은 우리 실이 '뮬징(mulesing)'을 했는지 물었다. 뮬징? 대체 그게 뭐지? 우리는 즉시 조사를 시작했고 곧 뮬징이 의미하는 바를 알게 되었다. 더불어 우리가 파는 실 또한 뮬징 과정을 거쳤다는 경악할 만한 진실도 드러났다. 굉장한 충격이었다. 왜냐하면 조사를 통해 알게 된 뮬징 과정이 무척이나 잔혹했기 때문이다. 전 세계 메리노 울의 대부분이 생산되고 있는 호주에는 '호주산 양 검정파리(꼬마구리금파리)'라는 기생충이 있다. 이 파리는 양의 주름진 피부, 특히 항문과 생식기 주변에 알을 낳는다. 알에서 깨어난 유충은 피부 속에 자리를 잡고 주변 살점을 갉아 먹는다. 그러면 상처 부위가 감염되고 심할 경우 양이 목숨을 잃기도 한다. 뮬징은 검정파리의 공격을 막기 위해 날카로운 칼이나 가위로 양의 엉덩이와 꼬리 주변 피부를 도려내는 것이다. 상처가 낫고 새살이 돋아도 흉터는 남기 때문에 그 부위는 죽은 살처럼 매끄러워지고, 검정파리가 알을 낳지 못하게 된다. 검정파리의 공격이나 뮬징 모두 양에게 큰 해를 입히긴 매한가지다. 불행 중 다행히도 이 기생충은 호주에서만 발견되므로, 그곳에서 사육되는 메리노 양만이 뮬징 처치를 받는다. 뮬징을 피할 수 있는 해결책은 남미에서 생산되는 메리노 울을 사용하는 것뿐이었다.

우리는 울을 사랑한다. 울로 짠 스웨터, 카디건, 원피스, 액세서리도 사랑한다. 양의 털을 사용할 수 있음에 언제나 마음 깊이 고마움을 느낀다. 그런 만큼 지속 가능한 방식으로 사용하길 원한다. 양모는 우리에게 금처럼 귀중한 재료다. 기꺼이 자신의 털을 내어주는 양에게 보일 수 있는 최소한의 성의는, 그들의 행복 또한 소중히 여기는 게 아닐까. 뮬징에 대해 알고 난 뒤 우리는 검정파리가 없는 파타고니아에서 메리노 울을 가져온다. 뮬징이 무엇인지 알리고, 더 높은 복지 기준을 요구한 단 한 사람의 고객 덕분에 일어난 변화다.

이 사건을 계기로 동물 복지에 관해 여러 가지 의구심을 품기 시작했다. 말이 나온 김에 사회적 책임과 환경 문제도 이야기해 보겠다.

동물 복지

—

동물 복지가 무엇인지 물어보면 어떻게 답해야 할까? 여러 가지 답이 있을 수 있다. 동물 복지의 사전적 정의는 '좋은 생활환경에 의한 동물의 건강과 행복'이다. 우리는 덴마크의 주요 동물 복지 협회 몇 군데와 이야기를 나눈 끝에, 진정한 동물 복지의 출발점은 동물을 지각 있는 존재로 인식하는 것이라는 결론을 도출했다. 동물도 아픔을 느끼고 고통을 이해하는 존재다. 따라서 신체적 건강만이 아닌 정신 건강에도 관심을 쏟아야 한다.

우리는 기꺼이 자신의 털과 고치를 내어주는 동물들을 감사한 마음으로 존중한다. 그리고 그들이 육체적·정신적으로 고통받지 않도록 최선을 다해야겠다는 도의적 책임감을 절실히 느낀다. 다음의 원칙은 그러한 고민 끝에 탄생한 중대한 결심이자 우리의 절대 원칙이다.

첫째, 유통 경로가 명확한, 즉 어디서 온 것인지 확인 가능한 동물 섬유만을 사용한다. 울은 세계 각지의 방적 공장이 대규모 경매장에서 입찰해 오기 때문에 유통 경로가 분명하지 않다. 뮬징을 하는 호주에서 왔는지, 혹은 동물 복지를 무시하는 농장에서 왔는지 알 수 없는 것이다. 해결책은 간단하다. 유통 경로가 명확히 표시된 제품을 사용하면 된다. 그러면 좋은 환경에서 존중을 기반으로 사육한 농장의 제품을 구매할 수 있다.

다행히도 최근 다양한 인증 시스템이 개발되어 소비자의 판단을 돕고 있다. 특정 실이 동물이나 노동자 친화적인 환경에서 생산되었는지 판단할 수 있는 객관적 지표가 생긴 것이다. 울 생산과 관련한 인증 제도에는 RWS(Responsible Wool Standard, 울 생산 책임 기준)가 있다. 농장의 동물 복지 준수, 울의 정확한 유통 경로 표시, 투명한 생산 공정 등을 인증하는 증표다. 우리가 거래하는 업체는 모두 RWS 인증을 받은 곳들이다. 우리 또한 이 인증을 받는 과정에 있다. 오랜 시간이 걸리겠지만 우리에게는 정말 중요한 걸음이라 할 수 있다.

우리가 쓰는 모헤어는 모두 남아프리카에서 사육되는 염소의 것이다. 몇 년 전 PETA (People for the Ethical Treatment of Animals, 동물의 인도적 처우를 위한 모임)에서 염소 학대 영상을 공개해 모두를 충격에 빠뜨렸는데, 그 영상이 촬영된 곳이 바로 남아프리카 농장이다. 당시 모헤어 산업은 언론의 집중 조명을 받았고, 많은 업계가 즉시 모헤어 사용을 중단했다. 패션 산업에서 커다란 지분을 차지하는 거대 기업들이 책임을 지고 분명한 자세를 취한 것은 무척 다행한 일이다. 그러나 단순히 모헤어를 쓰지 않는다고 해서 문제가 근본적으로 해결되지는 않는다.

모헤어 산업은 농장 일꾼부터 공장 노동자에 이르기까지 수천 명의 생계가 달린 거대 산업이다. 그러니 모헤어를 계속 사용하되 높은 수준의 복지 기준을 지키도록 강력히 요구하는 것이 더 바람직한 해결책일 것이다. 우리는 유통 경로가 명확하고 친환경적이며 좋은 환경에서 생산되었음을 공식적으로 인증받은 모헤어만을 사용한다. 이는 실을 생산한 동물이 육체적, 정신적 복지 보장 조항에 따라 보호받고 있다는 증거다. 이처럼 건강한 환경에서 길러지는 염소의 모헤어를 사용하면 동물 복지에 커다란 힘을 보탤 수 있다. 우리는 이것이 좀 더 지속 가능한 해결책이라 믿는다.

지금까지 양과 염소에서 채취한 메리노 울과 모헤어에 관한 이야기를 해보았다. 그런데 사랑스럽고 부드러운 스웨터와 여름용 탑을 뜰 수 있도록 도와주는 작은 생물이 하나 더 있다. 이 생물도 복지 기준을 세우는 데 있어서 우리의 도움이 절실하다.

생명을 존중하는 원칙

—

나방, 정확히 말해 누에나방은 우리 브랜드에 있어 매우 중요한 곤충이다. 우리 제품 중에는 실크가 함유된 실이 2가지 있다. 이 중 퓨어 실크는 100% 실크이고 소프트 실크 모헤어는 모헤어와 실크가 섞인 것이다. 실크는 흔히 누에라고 알려진 누에나방의 유충에서 만들어진다. 누에나방 유충은 최대 1km에 달하는 기다란 명주실로 누에고치를 만들어 나방이 될 준비를 한다. 보통 업체에서 명주실을 추출할 때는 최대한 길게 뽑아내는 것을 목표로 삼는다. 그래야 표면이 매끄럽게 빛나는 최상급 실을 얻을 수 있기 때문이다. 그런데 이렇게 긴 명주실을 얻으려면 번데기가 나방이 되어 고치를 뚫고 나오기 전에 실을 채취해야 한다. 가장 좋은 방법은 나방이 되기 전에 죽이는 것이다. 고치를 물에 넣고 끓이거나 증기로 찐 다음 명주실을 채취하고 유충의 사체는 버리는 식이다.

다행히 나방의 생명을 빼앗지 않고도 명주실을 생산할 수 있다. 번거로운 공정 과정 때문에 비용이 들고 실의 품질이나 광택이 다소 떨어지지만 말이다. 하지만 더 윤리적인 생산 방식인 것만은 분명하다.

명주실을 위해 유충을 반드시 죽여야 하는지는 의견이 분분하다. 그러나 무슨 실을 어떻게 생산하든 간에, 그 과정에서 자연을 보호하고 생명체를 존중하는 건 어떤 가치보다 우선하는 대원칙이다. 동물 복지를 위한 우리의 두 번째 원칙은 절대 누에나방의 유충을 죽이지 않는 것이다. 우리는 유충이 누에나방으로 온전히 변태를 마치기를 바라며, 실크 제품 또한 이러한 원칙을 준수하며 생산하고 있다.

사회적 책임

—

동물 복지가 중요한 만큼 노동자에 대한 사회적 책임 또한 중요하다. 생산 과정은 모두에게 공정해야 한다. 지구 반대편에 있는 농장 동물들이 보살핌을 받듯, 거기서 일하는 사람들 또한 제대로 처우 받길 원한다. 좋은 작업 환경에서 타당한 임금을 받고 인격과 노동을 존중받을 필요가 있다.

생산 업계의 긍정적 변화는 친환경제품 인증을 통해 서서히 이루어질 거라고 확신한다. 친환경제품 인증은 투명한 유통 경로를 비롯해 수많은 원칙을 준수해야만 얻을 수 있다. 반드시 준수해야 하는 원칙 중 하나는 강제 노동과 미성년 노동을 철저히 금지하는 것이다. 또한 모든 노동자가 노동 시간과 업무 가치를 존중받는 합리적인 노동 환경에서 차별받지 않고 일해야 한다.

뜨개 산업을 포함한 패션 산업 전체가 지금보다 더 높은 차원의 지속 가능성을 실현하고 사회적 책임을 다하는 데 발 벗고 나서야만 한다. 우리는 계속해서 이러한 문제를 제기하고 솔선수범하며 모범을 보일 것이다.

환경 문제와 브랜드 철학

—

덴마크에서는 오렌지 나무가 잘 자라지 않는다. 오렌지를 먹거나 오렌지 주스를 마시고 싶다면 별수 없이 수입해야 한다. 메리노나 모헤어도 마찬가지다. 메리노 양과 모헤어 염소는 덴마크에서 사육하지 못하니, 멀리 떨어진 땅에서 공수할 수밖에 없다. 기후가 다른 지역에서 농작물을 수입할 때 환경에 부담을 주듯, 울을 수입할 때도 마찬가지다.

사실 털실 생산업체인 우리로서는 장거리 화물 운송으로 발생하는 해악을 동전의 양면처럼 받아들일 수밖에 없다. 하지만 그렇다고 해서 속수무책으로 있을 수는 없다. 고민 끝에 이를 최소화하는 방법을 하나 고안했다. 먼저 이런 질문을 던졌다. 타래로 가득 찬 상자를 화물선이나 화물차에 싣고 먼 나라에서 운송해 와야 하는 상황이다. 어떻게 하면 최소한의 거리로 최대한 많은 타래를 실어 올 수 있을까?

답은 간단하다. 타래를 압축해 절반 크기로 만들면 된다. 이 말은 곧 화물차나 화물선 운행을 절반으로 줄일 수 있다는 뜻이다. 마찬가지로 고객에게 배송하는 화물차도 반으로 줄일 수 있다. 탄소 배출을 아예 없앨 수는 없지만 어느 정도 줄일 수 있다. 방적 공장에서도 우리의 취지를 이해하고 얼마 후 절반 크기로 줄인 타래 견본을 보내주었다. 공장의 적극적인 협조 덕에 아이디어가 실현될 수 있었다.

또 이런 일도 있었다. 실이 배송되는 상자 양옆에는 대부분 방적사의 로고가 크게 인쇄되어 있다. 로고만 없어도 상자를 재활용할 수 있을 텐데, 무척 아쉬웠다. 그렇다고 다른 회사의 로고가 박힌 상자를 그대로 쓸 수는 없는 노릇이다. 이렇게 튼튼한 상자가 끊임없이 버려지다니, 아깝기도 하고 환경 걱정도 됐다. 우리는 혹시 로고가 없는 상자로 줄 수 있냐고 물었다. 다행히도 공장에서는 흔쾌히 우리의 요청을 받아들여 주었다.

상품 포장법 또한 고민이 많았다. 처음에는 얇은 셀로판 포장지로 실타래를 감싸고 작은 스티커를 붙여 보냈다. 받는 쪽에서는 예쁘게 포장되어 오니 좋았겠지만, 불필요한 비닐 사용이 마음에 걸렸다. 매력적인 포장보다 환경 보호가 더 중요한 가치였기에, 과감히 셀로판 포장을 그만두기로 했다. 그리고 기후 중립 공장에서 생산되고 국제삼림관리협의회(FSC)가 인증한 재활용 소재 포장지로 모조리 교체했다. 실타래를 감고 있는 띠지도 재활용 종이로 만든 것이다. 다른 띠지보다 더 쉽게 구겨지고 광택도 약하지만, 덕분에 벌목을 피한 나무가 많을 거라 생각하면 힘이 난다. 아무리 작은 종이라도 최대한 재활용하려고 애쓴다. 소매점에 물건을 보낼 때도 상자를 재활용하고, 라벨로 쓰고 남는 종이는 포장할 때 쓰기도 한다. 불필요한 사용을 줄이며 최대한 재활용하는 작은 실천이 세상에 변화를 불러올 거라 믿는다. 적어도 우리는 그렇게 바뀌었다.

우리 브랜드의 실은 모두 친환경적으로 만들어진다. 오코 텍스(OEKO-TEX, 유럽 섬유 안전 기준) 스탠다드 100 인증을 받았고, 리치(REACH, 화학물질의 등록·평가·허가·제한) 기준 또한 충족한다. 둘 다 생산 과정에서 인체에 해로운 화학물질을 쓰지 않도록 관리하는 제도다. 화학물질을 최대한 자제하고 울 본연의 장점을 살리는 것이 우리의 최우선 과제다.

또한 우리는 슈퍼워싱을 하지 않는다. 슈퍼워싱된 울은 세탁기로 빨 수 있다. 울 표면에 강한 화학 처리를 하여 플라스틱 막으로 뒤덮기 때문이다. 스웨터를 다른 빨랫감과 함께 세탁기에 돌리면 편하겠지만, 환경에는 그만큼 해가 된다. 게다가 화학 처리를 하면 보온력이나 자정력 같은 울 특유의 장점도 사라지므로 더 자주 빨아야 한다. 당연히 환경에 좋을 리 없다. 국제오가닉섬유기준협회(GOTS) 인증은 오랜 고민거리였다. 환경 분야에서는 높은 수준의 인증이지만 동물 복지에 한정된다는 점이 아쉬웠다. 결국 우리는 동물 복지와 사회적 책임을 동시에 보장하는 RMS(Responsible Mohair Standards, 모헤어 생산 책임 기준)와 RWS(Responsible Wool Standards, 울 생산 책임 기준) 인증부터 시작하기로 했다.

자연이 만들어낸 색의 스펙트럼

—

실을 직접 생산하면 언제든 새로운 색에 도전할 수 있다는 장점이 있다. 브랜드를 런칭한 2016년에는 8가지 색의 메리노 울이 전부였다. 그때는 그것만으로도 차고 넘쳤다. 하지만 지금은 실도 6종이나 되고 색도 100여 개가 훌쩍 넘는다.

새로운 색이 태어나는 과정은 지극히 즉흥적이다. 주방 테이블에 앉아 수다를 떨다가 문득 버버리 트렌치코트 같은 색이 있으면 좋겠다는 말이 나온다. 그러면 거래하는 염색업체에 버버리 트렌치코트의 벨트를 샘플로 보낸다. 그로부터 일주일 뒤, 정확히 같은 색으로 염색된 실뭉치가 주방 테이블 위에 놓인다.

우리와 함께하는 염색업체는 원하는 색을 기가 막히게 구현해 낸다. 완벽한 색이 나오지 않으면 나올 때까지 작업을 반복하기도 한다. 실 염색은 보통 이런 반복 작업을 통해 완성된다. 얼핏 눈치채지 못할 만큼의 미세한 색감 변화조차 엄청난 차이를 불러오기 때문에 여러 번의 작업은 필수다. 1~2가지 색으로는 턱도 없다. 같은 분홍이라도 차가운 색조의 푸르스름한 분홍이 있고 따뜻한 색조의 불그스름한 분홍이 있으며 거의 베이지에 가까운 파스텔 분홍도 있다. 우리 브랜드의 분홍색 색조에는 파우더, 소프트 로즈, 머시룸 로즈, 로즈 클레이, 카멜 로즈, 소프트 피치, 플라밍고, 파피 로즈, 플럼 로즈, 와일드 베리 등이 있는데, 하나같이 없어서는 안 되는 소중한 색이다. 아마 우리 할아버지가 본다면 다 같은 색 아니냐고 하실 거다. 하지만 각각의 색채에는 미묘하고도 결정적인 차이가 있다. 소프트 로즈는 파우더보다 살짝 더 장밋빛이 감돈다. 머시룸 로즈는 살짝 더 어둡다. 파피 로즈는 쿨톤에 가깝고 로즈 클레이는 웜톤에 가깝다. 색채의 미묘한 뉘앙스 차이에 빠져들면 도저히 헤어날 수 없다. 한동안 푹 빠져든 덕분에 11가지 분홍색과 14가지 갈색, 5가지 흰색을 얻을 수 있었다. 이 글을 쓰는 순간에도 새로운 갈색과 흰색 실이 염색업체를 떠나 우리에게 오는 중이다.

새로운 색을 정하는 데 체계적인 시스템이 있는 것은 아니다. 보통은 아이템을 디자인하며 거기에 딱 맞는 색을 찾아 헤맨다. 바구니, 가죽신, 끈, 벨벳 재킷에서 떼어낸 천도 훌륭한 샘플이 된다. 양파 껍질이나 아보카도 씨 같은 자연 재료로 손수 염색한 적도 있다. 아보카도 씨는 실제로 카멜 로즈라는 색으로 재탄생하기도 했다.

카멜 로즈 이야기가 나와서 그런데, 색에 이름을 붙이는 것도 은근히 까다로운 일이다. 비슷한 색의 이름을 지을 때는 더욱 그렇다. 번호를 붙일 수도 있지만 우리는 제대로 된 이름 붙이기를 선호한다. 더 기억하기 쉽고 구분도 잘 되기 때문이다. '마지팬'이나 '소프트 누가'로 뜨개하는 것이 '702번 색'이나 '134번 색'으로 뜨개하는 것보다 더 재미있지 않은가. 직관적으로 연상되면서도 매력적인 이름을 붙이기 위해 늘 고군분투 중이다. 예를 들어 황토색과 자홍색이 비슷한 농도로 섞인 색에는 '카멜 로즈'라는 이름을 붙였다. 황토색에 살짝 분홍빛이 감도는 색이라고 보면 된다. 무스 사슴의 털빛 같지만 은은한 잿빛이 도는 색은 '더스티 무스'라는 이름이 제격이었다.

앞으로도 꾸준히 새로운 색의 스펙트럼을 넓혀갈 것이다. 앞서 언급했듯, 우리는 체계적으로 일하는 성격들이 아니다. 당장 내년 봄여름 패션계에 어떤 색이 유행할지 살피는 것도 잊어버리기 일쑤다. 하지만 즉흥적인 아이디어가 떠오르면 빠르게 작업에 착수한다. 심지어 샘플 테스트만 통과하면 그 즉시 손에 쥐고 싶어 안달이 난다. 물론 불가능한 일이다. 양모에서 타래가 되기까지는 여러 과정을 거쳐야 하기 때문이다. 아이디어가 실제 상품으로 만들어지기까지는 보통 3개월이 걸린다. 인내심을 가지려고 노력하지만, 여전히 부단한 마음의 수행이 필요하다.

'클래식'의 가치

—

시간이 흐르면서 새로운 아이디어가 속속 샘솟았다. 그중 하나가 성인용 도안이다. 아동용 도안을 어른용으로도 만들어달라는 요청이 날이 갈수록 늘었다. 드디어 때가 온 것이다. 디자인을 맡은 엄마는 조금 망설였다. 여성복은 아동복과는 또 다른 면에서 기술적인 도전이기 때문이다. 여성 스웨터에는 아동복처럼 러플이나 레이스로 끝단을 장식할 공간이 거의 없다. 문제는 우리 브랜드만의 개성이 바로 끝단 장식에서 빛났다는 점이다. 또 다른 문제도 있었다. 여성복은 옷의 스타일을 살리는 게 핵심이다. 아이들의 체형은 대체로 비슷해서 스타일을 살리기 수월하다. 치수를 바꿀 때 쓰는 계산법도 도안마다 거의 비슷하다. 하지만 여성복은 다양한 체형에 맞추어 여러 군데의 치수를 세밀하게 따져가며 도안을 수정해야 한다.

키, 체격, 가슴둘레의 다양한 차이를 모두 맞추기 위해서는 복잡한 계산과 조정이 필요하다. 단순히 숫자 몇 개만 곱해서 될 일이 아니다. 게다가 라지 사이즈를 입는 여성이 꼭 스몰 사이즈를 입는 여성보다 키가 크다는 보장은 없다. 또 엑스트라 스몰 사이즈를 입는다고 해서 머리까지 작으리라는 법도 없다. 손대기 까다로워서 망설였지만, 여기저기서 성인용 도안 요청이 빗발쳤다. 점점 더 많은 여성이 자기 옷을 뜨기 위해 뜨개바늘을 잡는 상황이었다. 고민 끝에 겸허히 새로운 도전을 받아들이기로 했다.

우리의 목표는 다양한 체형에 맞으면서 유행을 타지 않는 클래식한 디자인이었다. 젊은 여성들이 지속 가능한 친환경적 '슬로 패션'에 관심을 보이면서 성인복 디자인은 우리뿐 아니라 뜨개 산업 전반에 걸쳐 지분을 넓혀갔다. 아기 담요같이 물려받아 활용하는 품목은 그동안에도 존재했지만, 이제는 그 물결이 사회 전체로 퍼져나갔다. 입고 버리는 '패스트 패션'에서 벗어나려는 대중적 움직임이 우리를 이끌었다. 우리 또한 거대한 혁신의 일부가 되어 힘을 보태고 싶었다.

매일 입고 싶은 기본에 충실한 스웨터

—

유아복과 아동복은 화려한 무늬와 장식을 마음대로 넣는 재미가 있다. 하지만 여성복은 다르다. 스타일이 살면서도 입고 싶은 옷이어야 한다. 물론 은근슬쩍 레이스나 케이블 무늬를 넣기도 하지만, 결국 메인은 2코 고무뜨기나 메리야스뜨기 같은 전통적인 기법으로 완성한 기본 스웨터다. 신선하고 새로운 디자인도 좋지만, 유행을 타지 않는 고무뜨기 라운드넥 스웨터나 메리야스뜨기 래글런 스웨터야말로 앞으로의 컬렉션에서 절대 빠지지 않을 디자인이다. 기본 스웨터는 청바지, 흰 티셔츠, 질 좋은 가죽 부츠와 함께 모든 이의 옷장에 존재하는 기본 아이템이다. 하지만 하늘 아래 같은 청바지가 없듯, 전형적인 고무뜨기 스웨터에도 수많은 변주가 있다. 아주 미묘한 디테일의 차이일지라도 고무뜨기 스웨터를 자신의 시그니처로 꼽는 니터는 늘 존재해 왔다.

수백 년에 걸친 뜨개 역사상 겉뜨기와 안뜨기의 저작권을 소유한 사람은 없다. 기본 디자인도 마찬가지다. 뜨개 디자이너들은 주로 패션쇼나 패션 화보에서 영감을 받으므로 결과물이 비슷할 때가 많다. 우리도 어떻게든 개성을 살리려 노력하지만, 가장 본질적인 디자인은 클래식한 기본 스웨터라는 데 이견이 없다. 이것이 '맨투맨 스웨터'가 태어난 이유다. 가장 좋아하는 방식으로 디자인한 우리 브랜드만의 기본 래글런 스웨터라 하겠다.

그리고 지금 우리는

—

주방에서 아이들 레깅스를 뜨며 수다를 떨던 때부터 뜨개 브랜드를 만들고 털실 컬렉션을 갖게 된 지금까지 정말 많은 것들을 배웠다. 직접 부딪쳐 가며 얻은 깨달음이다. 도안 그리는 법을 배우고 온라인 쇼핑몰 설립하는 법을 배웠다. 동물 복지, 사회적 책임, 지속 가능성, 환경 보호에 대해 배웠다. 원자재가 적절한 환경에서 평화롭게 생산될 거라는 순진한 믿음을 버려야 한다는 것도 배웠다. 실을 대량으로 생산하고 이메일에 답하며 새로운 아이템을 디자인하는 일상적 업무가 고되다는 것도 배웠다. 하지만 노력한 만큼 보람차다는 것 또한 깨우쳤다. 때로는 스스로 의심하고 시행착오를 반복했다. 또 실수를 저지르고 수습하면서 교훈을 얻기도 했다. 애초에 제대로 된 지식 없이 무작정 뛰어들어 그런지도 모른다. 하지만 해내려는 의지와 할 수 있다는 신념으로 지금까지 먼 길을 걸어왔다. 그동안 이뤄낸 것들에 자부심을 느낀다.

우리는 여전히 주방 테이블에 앉아 있다. 처음과 달라진 것이 별로 없다. 그나마 달라진 게 있다면 도와주는 동료가 늘었다는 정도다. 덴마크에 있는 매장 2곳을 돌봐주는 동료도 있고, 온라인 쇼핑몰과 소매점의 주문을 받아주는 사람도 있다. 또 도안을 다른 언어로 번역해 주는 이들도 있다. 그리고 하나 더, 꽤 큰 규모의 테스트 니팅 팀이 있다. 이들은 새 도안이 판매되기 전에 견본을 떠보고 확인하는 역할을 한다. 하지만 그 외 일들은 여전히 주방 테이블에 놓인 실과 옷 견본, 공책 몇 권과 반쯤 남은 채 여기저기 널린 커피잔 곁에서 이루어진다. 각자 할 일을 하다 보면 말 한마디 섞지 않고 몇 시간이 훌쩍 지나기도 한다. 엄마나 내가 문득 아이디어나 의논할 게 떠올라 일감에서 시선을 뗄 때야 비로소 대화가 시작된다.

아침마다 주방 테이블에 앉는 건 같지만, 그날그날이 어떻게 흘러갈지는 미지수다. 어쩌면 간밤에 온 이메일 때문에 결단을 내려야 할지도 모른다. 또는 지금 뜨는 중인 새 스웨터를 마무리 짓고 사진을 찍어 테스트 니터에게 보낼 준비를 할지도 모른다. 전혀 새로운 털실 견본이 도착할 수도 있다. 언젠가는 남성복을 만들고 있을지도 모른다. 그리고 어쩌면 완전히 다른 사업으로 진출할지도 모르는 일이다.

우리 모녀의 일상은 그간의 여정과 꼭 닮았다. 예측할 수 없지만 흥분되고 즐겁다는 뜻이다. 앞으로도 계속해서 배우고 깨우치며 이 길을 걷고 싶다. 엄마는 이제 외식업계 업무를 그만두었다. 취미였던 뜨개로 생활을 꾸려나갈 수 있어 무척 행복해한다. 나는 조산사 일을 부업으로 시작했다. 뜨개와 조산사라는 병행 업무가 모쪼록 평탄하도록 노력 중이다. 때로는 아슬아슬한 저글링을 하는 기분이지만 두 가지 일이 주는 저마다의 기쁨 때문에 포기할 수 없다. 하고 싶은 일을 다 하는 행운을 얻었으니 이 정도의 수고는 당연한 것이리라.

다양한 난이도의 도안

—

엄마는 원래 다양한 기법을 이리저리 응용하길 좋아한다. 사소한 부분까지 섬세하게 표현하는 게 특기이자 장기다. 하지만 뜨개 인구가 늘면서 초보자도 쉽게 뜰 수 있는 도안이 절실해졌다. 여러 기법을 활용해 아이템의 완성도를 높이던 지금까지와는 전혀 다른 노선이었다. 쉽고 간단하게 뜰 수 있는 도안을 연구한 끝에 심플 스웨터(180쪽 참고)가 탄생했다.

심플 스웨터는 이름 그대로 모든 면에서 단순하다. 초보자부터 마니아까지 누구나 뜰 수 있는 기본 스타일이다. 따라 하기 쉽고, 어려운 기법도 별로 없으며, 수수께끼 같은 전문 용어도 거의 등장하지 않는다. 코스터나 머플러 뜨기에 질린 초보자가 도전하기 좋은 도안이다.

뜨개를 시작하는 사람들을 위한 기법 소개 영상도 올렸다. 더 많은 이들이 도전할 수 있도록 자연스럽게 이끌어 주는 도우미라고 보면 된다. 영상을 보고 경사뜨기와 레이스 무늬뜨기 같은 조금 어려운 기법에 도전하는 사람도 생겼다. 아무리 까다로운 기법이라도 영상을 따라 손을 놀리다 보면 금세 해결된다는 걸 체득했을 터다. 뜨개란 그런 것이다. 도안만 보면 어떻게 흘러갈지 도통 알 수 없다. 하지만 일단 도안대로 뜨다 보면 각 단계가 서서히 연결되면서 어느새 스웨터 한 벌이 탄생한다. 물론 '어느새'가 조금 긴 시간일 수도 있다. 느긋하게 과정을 음미하는 정성 어린 '슬로 니팅'을 지향한다면 말이다.

우리는 여러 연령대의 니터들이 다양한 난이도의 도안을 접할 수 있도록 노력 중이다. 개개인의 수준과 취향은 가지각색이라, 단순한 도안을 선호하는 이가 있는가 하면 복잡한 도안을 선호하는 이도 있고, 아예 난이도를 가리지 않는 이도 있다. 이 책 또한 최대한 많은 이들이 만족할 수 있도록 다양한 난이도의 도안을 수록했다.

우리가 그리는 미래

—

2016년, 우리에게는 사업 계획이 없었다. 지금도 마찬가지다. 발전은 계획에 따라서가 아니라, 새로운 아이디어가 떠오를 때마다 이루어진다. 하고 싶은 일도 하기 싫은 일도 많기에, 앞으로 어떤 일이 펼쳐질지는 시간이 흘러야만 알 수 있을 것이다. 물론 앞으로도 유아와 어린이, 성인을 위한 도안을 만들 예정이다. 또한 다루는 실의 범위를 확장하고 새로운 털실과 새로운 색상을 소개할 것이다. 어쩌면 또 다른 매장을 오픈할 수도 있다.

분명한 건 동물과 노동자를 위한 환경 개선 캠페인을 계속하리라는 것이다. 우리의 비전은 이 분야의 개척자가 되는 것이다. 우리는 실과 뜨개 산업이 투명한 생산 과정을 거치길 원한다. 고객과 디자이너, 생산자 모두 실 생산이 환경과 생명에 어떤 영향을 끼치는지 명확히 인식하길 바란다. 물론 실을 어떻게 만들어야 하는지, 어떤 실을 써야 할지 정해진 답은 없다. 무엇이 중요하고 옳은 가치인지는 사람마다 다를 수도 있다. 하지만 우리가 확실한 입장을 표명하는 데는 그만한 이유가 있다.

동물과 사람, 환경을 보호하는 것은 무엇보다 앞서는 최우선 과제다. 되도록 더 많은 이가 이 뜻에 동참해 주길 바란다. 이러한 사회적 분위기 속에서 실을 생산하고 멋스러운 스웨터, 카디건, 원피스, 액세서리를 만들기를 고대한다.

미래를 향한 고민거리는 수도 없다. 그러나 그중에서 가장 중요한 건 지구 환경에 미치는 영향임을 언제나 명확히 인지할 것이다.

NOTHING IS MORE IMPORTANT THAN

QUALITY

NOTHING AT ALL

PATTERNS
—
도안

시작하기 전에

—

이 책은 초보자가 도전해 볼 만한 넉넉한 품의 심플 스웨터(180쪽)부터 레이스 무늬뜨기만을 이용해 몸에 딱 붙게 뜬 바브로 블라우스(240쪽)까지 다양한 난이도로 구성되었다. 여러 사람이 폭 넓게 즐길 수 있도록 했으므로 초보자나 숙련자 어느 한 수준에 맞춰져 있지는 않다. 복잡한 도안처럼 보여도 뜨기 어려울 정도로 까다로운 건 없다. 자주 쓰이는 기법으로 완성했으므로 숙련자라면 이미 익숙할 것이다. 하지만 '뜨개 입문서'는 아니므로 모든 도안을 하나부터 열까지 자세하게 설명하지는 않았다. 그러므로 책에 실린 도안을 이해하기 위해서는 뜨개 용어와 기법을 먼저 익혀야 한다.

여기서는 우선 알아두면 좋을 몇 가지 팁을 공개한다. 반드시 따라야 할 규칙이라기보다는 의문이 들 때마다 방향을 잡아주는 가이드라고 보면 된다. 책의 뒤편에는 일반적으로 쓰이는 뜨개 약어 풀이(269쪽)와 좀 더 전문적인 기법 설명(266쪽)을 실었다.

처음부터 도안을 완벽하게 이해할 필요는 없다. 사실 도안부터 꼼꼼하게 살피는 행위는 추천하지 않는다. 한 단 한 단 뜰 때마다 도안을 읽어가며 떠보자. 실제로 실과 바늘을 손에 쥐고 뜨면서 확인할 때 도안이 머릿속에 가장 잘 들어온다.

게이지와 추천하는 바늘 사이즈

게이지를 꼭 떠서 확인해야 할까? 물론이다. 그래야 도안이 의도한 사이즈대로 옷을 뜰 수 있기 때문이다. 뜨개 습관은 사람마다 다르다. 느슨하게 뜨는 사람이 있는가 하면 쫀쫀하게 뜨는 사람도 있다. 게이지 뜨기는 이를 조정하여 도안에 맞추는 단계다.

게이지를 낼 때는 도안에서 지정한 바늘과 실을 이용해 사방 10㎝ 크기의 조각을 뜬다. 도안에서는 4.5㎜ 바늘로 사방 10㎝를 떴을 때 20코가 들어간다 했는데, 실제 떠보니 16코만 들어간다면 도안보다 느슨하게 뜬 것이다. 이대로 계속 뜬다면 완성했을 때 의도한 치수보다 더 커질 것이다. 이럴 때는 더 작은 바늘을 사용해 사방 10㎝ 안에 20코를 맞출 수 있는지 살펴보자. 정확한 게이지를 얻기 위해 바늘 치수를 4㎜, 3.5㎜로 줄여도 좋다. 반대로 쫀쫀하게 떠서 사방 10㎝에 20코를 초과했다면 좀 더 큰 바늘을 사용해야 한다. 도안의 바늘 치수는 그저 하나의 기준에 불과하다. 게이지를 확인해 정확한 단수와 콧수가 나오는 바늘을 택해야 한다.

게이지를 뜰 때는 사방 10㎝보다 조금 더 크게 뜨는 게 좋다. 가장자리가 가운데보다 더 쫀쫀하게 떠지기 때문이다. 편물 중앙을 기준으로 사방 10㎝에 들어가는 콧수와 단수를 세어야 정확한 게이지가 나온다. 게이지 조각을 평평하게 놓고 늘어나지 않게 고정한다. 가로세로 10cm가 되는 부분에 핀을 찔러두면 콧수와 단수를 세기 편하다.

줄바늘 vs 장갑바늘

이 책의 도안 대부분은 원통으로 뜬 것이다. 스웨터의 몸통처럼 큰 부분은 보통 줄바늘로 떴고 목둘레처럼 작은 부분은 장갑바늘로 떴다. 하지만 선택은 여러분 몫이다. 본인이 뜨기 편한 바늘을 사용하기 바란다.

기준 치수와 품

어떤 옷은 여유 있는 품으로 디자인되어 옷의 치수가 신체 치수보다 더 크다. 어떤 옷은 몸에 딱 맞게 디자인되어 신체 치수보다 살짝 작을 수 있지만, 신축성 있게 늘어나면서 몸에 편안하게 달라붙을 것이다. 이 책의 모든 도안에는 상반신 신체 치수를 명시해 두었다. 어떤 사이즈로 떠야 할지 고민된다면 이 치수를 참고하길 바란다. 그래야 원하는 사이즈대로 뜰 수 있다.

옷의 폭이 가슴둘레보다 큰 경우는 처음부터 '여유 있는 품'으로 디자인한 옷이다. 스웨터처럼 활동하기 편한 옷이나 아예 넉넉하게 디자인한 옷에서 주로 보인다. 옷의 폭이 가슴둘레보다 작으면 '달라붙는 품'으로 디자인한 옷이다. 보통 몸에 딱 달라붙는 상의, 특히 고무뜨기처럼 신축성 있고 잘 늘어나는 기법으로 뜬 옷에서 많이 보인다.

세탁과 블로킹

뜨개를 마치고 마지막 실을 정리한 뒤에는 완성된 니트를 세탁하고 블로킹하는 과정이 필요하다. 그래야 편물의 코들이 정리되고 정확한 사이즈가 나온다. 30℃ 이하의 따뜻한 물로 손세탁하는 게 가장 좋지만, 요즘은 세탁기에도 울 세탁 코스가 있으니 번거롭다면 세탁기를 사용해도 무방하다. 단, 물 온도는 최대 30℃를 넘지 않아야 하고 분당 최대 회전수는 800회 이하여야 한다. 세탁기를 사용할 경우, 꼭 게이지 견본부터 세탁해야 한다. 견본 사이즈가 줄어들거나 단단하게 뭉친다면 세탁기 사용이 적절치 않은 것이니 반드시 손세탁하기 바란다. 세탁 후에는 바닥에 평평하게 펼쳐두고 손으로 부드럽게 잡아당겨 원하는 형태를 잡는다. 이를 블로킹이라고 한다. 손세탁했다면 먼저 조심스럽게 물기를 짜낸 다음 수건으로 돌돌 말아 눌러 남은 물기를 뺀다. 다시 평평하게 펼쳐 블로킹한 뒤 그대로 자연 건조한다.

Color Rain Sweater

컬러 레인 스웨터

—

실크와 모헤어가 섞인 소프트 실크 모헤어 8가닥을 합사해 솜털처럼 부드럽게 뜬 풀오버 스웨터. 8가닥 겹친 실이 두터우면서도 가벼운 편물을 만들어 낸다. 섬세하고 자연스러운 명암은 단 2가지 색의 비율 조절로 이루어졌다. 탑다운으로 래글런에서 코를 늘리면서 원통으로 작업하며 몸통과 소매는 메리야스뜨기로, 단은 깔끔한 고무뜨기로 마무리한다.

컬러 레인 스웨터

사이즈	S[M, L, XL]
신체 가슴둘레	84-91[92-99, 100-107, 108-116]㎝
옷 가슴둘레	110[114, 118, 122]㎝
길이	49[53, 57, 61]㎝
소매 길이	35[37, 40, 42]㎝
실	니팅 포 올리브 소프트 실크 모헤어(실크 30%, 모헤어 70%, 25g당 225m)
수량	다크 무스 7[7, 8, 8]볼×25g, 마지팬 10[11, 11, 12]볼×25g
바늘	9㎜ 장갑바늘과 줄바늘, 12㎜ 장갑바늘과 줄바늘, 마커, 스티치 홀더, 돗바늘
게이지	8.5코 11단
	(12㎜ 바늘, 니팅 포 올리브 소프트 실크 모헤어 8가닥, 10×10㎝ 메리야스뜨기)
약어	**m1R(겉)** 겉뜨기 모양으로 오른코 늘리기
(269쪽 참고)	**m1L(겉)** 겉뜨기 모양으로 왼코 늘리기
	k2tog 겉뜨기로 2코 모아뜨기

참고

서로 다른 명암을 가진 실의 가닥수를 바꿔 뜨면서 생긴 음영이 자연스럽게 스웨터의
그러데이션을 만든다. 실을 언제 바꾸는지 설명해 두었지만 방식이 정해져 있지는 않으니 원하는
대로 자유롭게 바꿔도 좋다.

총 8타래에서 실을 한 올씩 가져와 8가닥을 동시에 뜬다. 타래 중앙에서 가닥을 빼면 실이 쉽게
풀린다. 색을 바꿀 때는 실을 끊은 후 타래를 한쪽으로 치워두었다가 그 색깔을 다 쓰면 치워둔
타래 중 하나를 가져와 사용한다. 막바지에 접어들어 실타래가 다 소진되면 작업 중인 타래에서
새 실을 가져와 쓰되, 중앙이 아니라 바깥 부분에서 실을 풀어 쓴다.

새로운 실을 가져올 때는 쓰던 실과 새 실 끝부분을 안쪽 면에서 10㎝ 정도 겹쳐 함께 떠준다.
요크를 뜨기 위해 코를 늘릴 때는 더 긴 줄바늘로 바꾼다. 몸통에서 소매를 분리할 때는 몸통
뜨기를 위해 다시 짧은 줄바늘로 바꾸는 것이 좋다.

넥밴드

9mm 장갑바늘로 다크 무스 7가닥, 마지팬 1가닥을 사용해 44코를 잡는다. 시작 마커를 걸고 원통으로 연결한 뒤 다음과 같이 뜬다. 시작 마커를 건 곳이 뒤판 중심이 된다. 코가 꼬이지 않게 주의한다.
1단: 단 끝까지 *겉 1, 안 1* 반복, 시작 마커 넘기기.
1코 고무뜨기를 반복하여 5단을 더 뜬다.

요크

12mm 장갑바늘로 바꿔 뜨다가, 콧수가 늘어나면 줄바늘로 바꾼다.

래글런 코늘림 마커 걸기
1단: 겉 7, 마커 걸기, 겉 8, 마커 걸기, 겉 14, 마커 걸기, 겉 8, 마커 걸기, 겉 7, 시작 마커 넘기기.

래글런 소매 코늘림
2단(늘림단): *첫 번째 마커 전 1코 남을 때까지 겉뜨기, m1R(겉), 겉 1, 마커 넘기기,
겉 1, m1L(겉)*, 마지막 마커까지 *~* 반복, 단 끝까지 겉뜨기, 시작 마커 넘기기. 총 52코.
3단: 마커를 넘기면서 단 끝까지 겉뜨기.
2~3단을 4번 더 반복하여 2단마다 코늘림한다. 총 84코.

색 바꾸기
다크 무스 1가닥을 끊고 마지팬 1가닥을 가져온다. 이제 다크 무스 6가닥과 마지팬 2가닥으로 작업한다. 2~3단을 4번 반복하여 2단마다 코늘림한다. 총 116코.
다음 단: 단 끝까지 겉뜨기.

색 바꾸기
다크 무스 1가닥을 끊고 마지팬 1가닥을 가져온다. 이제 다크 무스 5가닥과 마지팬 3가닥으로 작업한다. 2~3단을 4번 반복하여 2단마다 코늘림한다. 총 148코.
다음 단: 단 끝까지 겉뜨기.

색 바꾸기
다크 무스 1가닥을 끊고 마지팬 1가닥을 가져온다. 이제 다크 무스 4가닥과 마지팬 4가닥으로 작업한다. 2~3단을 1[2, 3, 4]번 반복하여 2단마다 코늘림한다. 총 156[164, 172, 180]코.
다음 단: 단 끝까지 겉뜨기, 실을 전부 끊는다.

몸통과 소매 분리

준비단: 뒤판의 절반에 해당하는 21[22, 23, 24]코를 스티치 홀더나 자투리 실에 옮기기(첫 번째 마커까지), 다음 왼쪽 소매에 해당하는 36[38, 40, 42]코를 12㎜ 장갑바늘로 옮기기(다음 마커까지), 다음 앞판에 해당하는 42[44, 46, 48]코를 스티치 홀더나 자투리 실에 옮기기(다음 마커까지), 다음 오른쪽 소매에 해당하는 36[38, 40, 42]코를 스티치 홀더나 자투리 실에 옮기기(다음 마커까지), 뒤판의 나머지 절반에 해당하는 21[22, 23, 24]코를 스티치 홀더나 자투리 실에 옮기기.

소매(양쪽 동일)

왼쪽 소매 작업을 위해 12㎜ 장갑바늘에 있는 36[38, 40, 42]코에 다크 무스 4가닥과 마지팬 4가닥을 연결한다. 시작 마커를 걸고 원통으로 연결하여 코가 꼬이지 않게 주의하며 뜬다.
겉뜨기 7[7, 7, 8]단.

색 바꾸기

다크 무스 1가닥을 끊고 마지팬 1가닥을 추가한다. 이제 다크 무스 3가닥과 마지팬 5가닥으로 작업한다.
겉뜨기 8[9, 10, 10]단.

색 바꾸기

다크 무스 1가닥을 끊고 마지팬 1가닥을 추가한다. 이제 다크 무스 2가닥과 마지팬 6가닥으로 작업한다.
겉뜨기 8[9, 10, 10]단.

색 바꾸기

다크 무스 1가닥을 끊고 마지팬 1가닥을 추가한다. 이제 다크 무스 1가닥과 마지팬 7가닥으로 작업한다.
겉뜨기 6[7, 8, 8]단.
다음 단(줄임단): *k2tog, 겉 3*, 1[3, 0, 2]코가 남을 때까지 *~*를 반복, 단 끝까지 겉뜨기.
총 22[24, 24, 26]코.

소매 고무단 뜨기

9㎜ 장갑바늘로 바꾼다.
1단: 단 끝까지 *겉 1, 안 1* 반복.
1코 고무뜨기로 8단 더 뜨기.
1코 고무뜨기 패턴에 맞춰 느슨하게 코막음.

오른쪽 소매 작업을 위해 36[38, 40, 42]코를 12㎜ 바늘로 옮긴다. 다크 무스 4가닥과 마지팬 4가닥을 가져와 연결한다. 시작 마커를 걸고 코가 꼬이지 않도록 주의하며 원통으로 뜬다.
작업 방식은 왼쪽 소매와 같다.

몸통

남은 84[88, 92, 96]코를 12㎜ 줄바늘로 옮긴다. 시작 마커를 걸고 21[22, 23, 24]번째 코 다음에 마커, 그다음 63[66, 69, 72]번째 코 다음에 마커를 건다.

다크 무스 4가닥과 마지팬 4가닥으로 아래와 같이 원통으로 메리야스뜨기한다.
1단(늘림단): *첫 번째 마커 전 1코가 남을 때까지 겉뜨기, m1R(겉), 겉 1, 마커 넘기기, 겉 1, m1L(겉)*, *~*를 1번 더 반복, 단 끝까지 겉뜨기, 시작 마커 넘기기. 총 88[92, 96, 100]코.
2단: 단 끝까지 겉뜨기.
3단(늘림단): *첫 번째 마커 전 1코 남을 때까지 겉뜨기, m1R(겉), 겉 1, 마커 넘기기, 겉 1, m1L(겉)*, *~*를 1번 더 반복, 단 끝까지 겉뜨기, 시작 마커 넘기기. 총 92[96, 100, 104]코.

색 바꾸기
다크 무스 1가닥을 끊고 마지팬 1가닥을 추가한다. 이제 다크 무스 3가닥, 마지팬 5가닥으로 작업한다.
다음 단: 단 끝까지 겉뜨기.
단 끝까지 겉뜨기를 6[7, 8, 9]번 더 반복.

색 바꾸기
다크 무스 1가닥을 끊고 마지팬 1가닥을 추가한다. 이제 다크 무스 2가닥, 마지팬 6가닥으로 작업한다.
단 끝까지 겉뜨기를 7[8, 9, 10]번 반복.

색 바꾸기
다크 무스 1가닥을 끊고 마지팬 1가닥을 추가한다. 이제 다크 무스 1가닥, 마지팬 7가닥으로 작업한다.
단 끝까지 겉뜨기를 7[8, 9, 10]번 반복.

밑단 뜨기
9㎜ 줄바늘로 바꾼다.
1단: 단 끝까지 *겉 1, 안 1* 반복.
1코 고무뜨기로 3단 더 뜨기.
1코 고무뜨기 패턴에 맞춰 느슨하게 코막음.

마무리

남아 있는 꼬리실을 정리하고 소매 겨드랑이에 구멍이 있다면 꿰맨다.
뒤집어서 부드럽게 스팀한다.

Truffle Sweater

트러플 스웨터

—

초보자도 도전해 볼 만한 스웨터. 전체는 더블 모스 스티치로 뜨고, 넥밴드와
몸통 밑단, 소맷단은 고무뜨기로 마무리해 입체감을 살린다. 헤비 메리노와
소프트 실크 모헤어를 합사하여 탑다운으로 심플하게 뜨고, 소매 요크 부분
은 코늘림하여 래글런으로 작업한다.

트러플 스웨터

사이즈	XXS[XS, S, M, L, XL, 2XL, 3XL]
신체 가슴둘레	76-83[84-91, 92-99, 100-107, 108-116, 117-127, 128-139, 140-149]㎝
옷 가슴둘레	89[95, 101, 110, 117, 127, 137, 147]㎝
길이	52[54, 56, 58, 60, 62, 66, 70]㎝
소매 길이	46[46, 47, 47, 47, 48, 48, 48]㎝
실	니팅 포 올리브 헤비 메리노(메리노 울 100%, 50g당 125m)
	니팅 포 올리브 소프트 실크 모헤어(실크 30%, 모헤어 70%, 25g당 225m)
수량	헤비 메리노(더스티 무스) 6[6, 7, 8, 8, 9, 9, 10]볼×50g,
	소프트 실크 모헤어(헤이즐넛) 6[7, 7, 8, 8, 9, 10, 11]볼×25g
바늘	8㎜ 장갑바늘과 줄바늘, 5㎜ 장갑바늘(XXS, XS, S, XL, 2XL, 3XL 사이즈)
	5.5㎜ 장갑바늘(M, L 사이즈), 마커, 스티치 홀더, 돗바늘
게이지	13코 20단
	(8㎜ 바늘, 헤비 메리노 1가닥과 소프트 실크 모헤어 2가닥, 10×10㎝ 더블
	모스스티치)
약어	**kfb** 겉뜨기 코늘리기
(269쪽 참고)	**m1** 겉뜨기 모양으로 코늘리기
	k2tog 겉뜨기로 2코 모아뜨기

참고

헤비 메리노 1가닥과 소프트 실크 모헤어 2가닥을 함께 뜬다. 실이 쉽게 풀리도록 타래 중앙에서 가닥을 빼어 사용하자. 새로운 실을 가져올 때는 쓰던 실과 새 실 끝부분을 안쪽 면에서 10㎝ 정도 겹쳐 함께 떠준다. 요크를 뜨기 위해 코를 늘릴 때는 더 긴 줄바늘로 바꾼다. 몸통에서 소매를 분리할 때는 몸통 뜨기를 위해 다시 짧은 줄바늘로 바꾸는 것이 좋다.

넥밴드

XXS, XS, S, XL, 2XL, 3XL 사이즈는 5㎜ 장갑바늘을 사용하고 M, L 사이즈는 5.5㎜ 장갑바늘을
사용한다. 헤비 메리노 1가닥과 소프트 실크 모헤어 2가닥으로 60[60, 60, 60, 60, 70, 70, 70]
코를 잡는다. 시작 마커를 걸고 코가 꼬이지 않도록 주의하며 원통으로 뜬다. 시작 마커를 건 곳이
뒤판 중심이 된다.

XXS, XS, S, M, L 사이즈

1단: 안 1, 4코 남을 때까지 *겉 3, 안 2* 반복, 겉 3, 안 1.

XL, 2XL, 3XL 사이즈

1단: 겉 2, 안 2, 1코 남을 때까지 *겉 3, 안 2* 반복, 겉 1.

모든 사이즈

겉 3, 안 2 고무뜨기를 편물이 12[12, 12, 13, 13, 13, 14, 14]㎝가 될 때까지 반복한다.

요크

8㎜ 장갑바늘로 바꾸고, 콧수가 늘어나면 줄바늘로 바꾼다.

래글런 마커 걸기
XXS, XS, S, M, L 사이즈

1단: *m1, 안 1, 겉 1, m1, 겉 2, 안 1, m1, 안 1, 마커 걸기, 다음 9코를 패턴에 맞춰 고무뜨기, m1,
다음 6코를 패턴에 맞춰 고무뜨기, 마커 걸기, 겉 3, 안 1, m1, 안 1, 겉 1, m1, 겉 2, 안 1*,
단 끝까지 *~*를 1번 더 반복, 시작 마커 넘기기.
총 72코.

XL, 2XL, 3XL 사이즈

1단: *겉 2, 안 1, m1, 안 1, 겉 3, 안 1, m1, 안 1, 마커 걸기, 다음 9코를 패턴에 맞춰 고무뜨기, m1,
다음 6코를 패턴에 맞춰 고무뜨기, 마커 걸기, 겉 3, 안 1, m1, 안 1, 겉 1, m1, 겉 2, 안 2, 겉 1*,
단 끝까지 *~*를 1번 더 반복, 시작 마커 넘기기.
총 80코.

모든 사이즈

다음 단: 단 끝까지 겉뜨기.

래글런 소매 코늘림

1단(늘림단): *첫 번째 마커 1코 전까지 겉 1, 안 1 반복, kfb, 마커 넘기기, 겉 2, kfb*,
*~를 3번 더 반복, 단 끝까지 겉 1, 안 1 반복, 시작 마커 넘기기.
총 80[80, 80, 80, 80, 88, 88, 88]코.

2단: *첫 번째 마커 1코 전까지 패턴에 맞춰 뜨기, 안 1, 마커 넘기기, 겉 3, 안 1*,
*~를 3번 더 반복, 단 끝까지 패턴에 맞춰 뜨기, 시작 마커 넘기기.

3단(늘림단): 안 1, *첫 번째 마커 1코 전까지 겉 1, 안 1 반복, kfb, 마커 넘기기, 겉 2, kfb*,
*~*를 3번 더 반복, 단 끝까지 겉 1, 안 1 반복, 시작 마커 넘기기.
총 88[88, 88, 88, 88, 96, 96, 96]코.

4단: 2단을 반복.
1~4단을 7[8, 9, 10, 11, 11, 11, 11]번 반복하여 2단마다 코늘림.
총 200[216, 232, 248, 264, 272, 272, 272]코.

몸통과 소매 분리

준비단: *마커 전 1코가 남을 때까지 겉 1, 안 1 반복, 겉 1, 마커 제거,
안 1, 겉 1, 안 1, 겨드랑이 감아코 3[3, 3, 5, 5, 7, 13, 19]코 만들기,
다음 소매 45[49, 53, 57, 61, 61, 61, 61]코를 마커까지 스티치 홀더나
자투리 실에 옮기기, 마커 제거, 안 1, 겉 1, 안 1*,
*~*를 1번 더 반복, 단 끝까지 겉 1, 안 1 반복, 시작 마커 넘기기.
총 116[124, 132, 144, 152, 164, 176, 188]코.

몸통

다음 단: *겨드랑이 감아코 전까지 패턴에 맞춰 뜨기, 겉 1, 감아코를 안 1, 겉 1 반복*,
*~*를 1번 더 반복, 단 끝까지 패턴에 맞춰 뜨기.

아래와 같이 원통으로 더블 모스스티치 뜨기.

1단: 안 1, 1코 남을 때까지 *겉 1, 안 1* 반복, 겉 1.

2단: 단 끝까지 패턴에 맞춰 뜨기.

3단: 단 끝까지 *겉 1, 안 1* 반복.

4단: 단 끝까지 패턴에 맞춰 뜨기.

어깨부터 편물 끝까지의 길이가 42[44, 46, 48, 50, 52, 56, 60]㎝가 될 때까지, 또는 원하는 길이보다 10㎝ 짧을 때까지 1~4단을 반복. 마지막 세트는 1단이나 3단까지 뜨고 마무리한다.

몸통 밑단

XXS, 2XL 사이즈

다음 단: k2tog, 단 끝까지 겉뜨기. 총 115[175]코.

XS 사이즈

다음 단: k2tog, *겉 29, k2tog*, *~*를 2번 더 반복, 단 끝까지 겉뜨기. 총 120코.

S 사이즈

다음 단: k2tog, 겉 64, k2tog, 단 끝까지 겉뜨기. 총 130코.

M 사이즈

다음 단: k2tog, *겉 34, k2tog*, *~*를 2번 더 반복, 단 끝까지 겉뜨기. 총 140코.

L 사이즈

다음 단: k2tog, 겉 74, k2tog, 단 끝까지 겉뜨기. 총 150코.

XL 사이즈

다음 단: 단 끝까지 *k2tog, 겉 39* 반복. 총 160코.

3XL 사이즈

다음 단: *k2tog, 겉 60*, *~*를 2번 더 반복, 단 끝까지 겉뜨기. 총 185코.

모든 사이즈

다음 단: 단 끝까지 *안 1, 겉 3, 안 1* 반복.

고무단이 10㎝가 될 때까지 고무뜨기를 원통으로 뜬다.

고무단 패턴에 맞춰 느슨하게 코막음.

소매(양쪽 동일)

45[49, 53, 57, 61, 61, 61, 61]코를 8㎜ 장갑바늘로 옮기기, 마커를 걸고 코가 꼬이지 않도록 주의하며 원통으로 뜬다.

준비단: 1코 남을 때까지 *겉 1, 안 1* 반복, 겉 1,
겨드랑이 감아코에서 3[3, 3, 3, 3, 5, 14, 18]코를 주워 겉뜨기, 마커 걸기.
총 48[52, 56, 60, 64, 66, 75, 79]코.

XS, S, M, L, XL 사이즈
다음 단: 4코 남을 때까지 패턴에 맞춰 뜨기, k2tog, p2tog. 총 50[54, 58, 62, 64]코.

2XL, 3XL 사이즈
다음 단: 14[18]코가 남을 때까지 패턴에 맞춰 뜨기, p2tog, 단 끝까지 *k2tog, p2tog* 반복.
총 68[70]코.

모든 사이즈
아래와 같이 원통으로 더블 모스스티치 뜨기.
1단: 안 1, 1코 남을 때까지 *겉 1, 안 1* 반복, 겉 1.
2단: 단 끝까지 패턴에 맞춰 뜨기.
3단: 단 끝까지 *겉 1, 안 1* 반복.
4단: 단 끝까지 패턴에 맞춰 뜨기.
소매 길이가 겨드랑이부터 36[36, 37, 37, 37, 38, 38, 38]㎝가 될 때까지
1~4단을 반복하고 마지막 세트는 1단이나 3단까지 뜨고 마무리.

소매 고무단 뜨기

XXS, XS, S, XL, 2XL, 3XL 사이즈는 5mm 장갑바늘로 바꾸고
M, L 사이즈는 5.5mm 장갑바늘로 바꾼다. 바늘에 있는 코를 고르게 정렬한다.

XXS 사이즈

다음 단(줄임단): 단 끝까지 *겉 1, k2tog 3, 겉 1* 반복. 총 30코.

XS, S, 3XL 사이즈

다음 단(줄임단): 단 끝까지 *겉 1, k2tog 2[4, 3]* 반복. 총 30[30, 40]코.

M 사이즈

다음 단(줄임단): 3코 남을 때까지 *겉 1, k2tog 2* 반복, 겉 1, k2tog. 총 35코.

L, XL, 2XL 사이즈

다음 단(줄임단): 6[10, 8]코 남을 때까지 *겉 1, k2tog 3[4, 2]* 반복,
k2tog 3[5, 4]. 총 35[35, 40]코.

모든 사이즈

다음 단: 단 끝까지 *안 1, 겉 3, 안 1* 반복.
소매 고무단이 10cm가 될 때까지 고무뜨기를 원통으로 뜬다.
고무단 패턴에 맞춰 느슨하게 코막음.

마무리

남아 있는 꼬리실을 정리하고 소매 겨드랑이에 구멍이 있다면 꿰맨다.
뒤집어서 부드럽게 스팀한다.

Knitted Street of Copenhagen Sweater

코펜하겐 스트리트 스웨터

—

좁고 구불구불한 옛 코펜하겐 자갈길에서 영감받은 두툼한 스웨터. 오버사이즈 꽈배기 무늬와 가터뜨기의 직선을 병렬로 배치하여 만든다. 마치 나의 고향 코펜하겐처럼 편하면서도 세련된 느낌을 준다. 넉넉한 품과 처진 어깨선, 유난히 긴 소매가 특징이지만 취향에 따라 소매를 짧게 떠도 좋다. 탑다운으로 작업하며 처음 어깨를 뜰 때는 평면뜨기로, 몸통과 소매는 원통으로 마무리한다.

코펜하겐 스트리트 스웨터

사이즈	S[M, L]
신체 가슴둘레	76-91[92-116, 117-145]㎝
옷 가슴둘레	112[128, 144]㎝
길이	64[72, 80]㎝
소매 길이	38[46, 46]㎝
실	니팅 포 올리브 헤비 메리노(메리노 울 100%, 50g당 125m)
	니팅 포 올리브 소프트 실크 모헤어(실크 30%, 모헤어 70%, 25g당 225m)
수량	헤비 메리노(소프트 누가) 16[18, 20]볼×50g,
	소프트 실크 모헤어(소프트 누가) 9[11, 12]볼×25g
바늘	7㎜ 장갑바늘과 줄바늘, 10㎜ 장갑바늘과 줄바늘, 꽈배기 바늘, 마커,
	스티치 홀더, 돗바늘
게이지	10코 14단(10㎜ 바늘, 니팅 포 올리브 헤비 메리노 2가닥과
	소프트 실크 모헤어 2가닥, 10×10㎝ 리지 무늬 뜨기)
약어	**m1R(안)** 안뜨기 모양으로 오른코 늘리기
(269쪽 참고)	**m1L(안)** 안뜨기 모양으로 왼코 늘리기
	m1R(겉) 겉뜨기 모양으로 오른코 늘리기
	m1L(겉) 겉뜨기 모양으로 왼코 늘리기
	m1(겉) 겉뜨기 모양으로 코늘리기

참고

헤비 메리노 2가닥과 소프트 실크 모헤어 2가닥을 함께 뜬다. 실이 쉽게 풀리도록 타래 중앙에서 가닥을 빼어 사용하자. 새로운 실을 가져올 때는 쓰던 실과 새 실 끝부분을 안쪽 면에서 10㎝ 정도 겹쳐 함께 떠준다. 요크를 뜨기 위해 코를 늘릴 때는 더 긴 줄바늘로 바꾼다.
몸통에서 소매를 분리할 때는 몸통 뜨기를 위해 다시 짧은 줄바늘로 바꾸는 것이 좋다.

앞판

왼쪽 어깨 뜨기

10mm 줄바늘을 사용해 헤비 메리노 2가닥과 소프트 실크 모헤어 2가닥으로 27[29, 31]코를 잡는다.

다음 단(안면): 겉 6[8, 10], 안 6, 겉 2, 안 10, 겉 2, 안 1.

차트 A를 따라 평면뜨기로 1단부터 18단까지 떠서 안면에서 마무리한다.

총 33[35, 37]코.

코를 스티치 홀더나 자투리 실에 옮기고 실을 끊은 후, 한쪽에 둔다.

오른쪽 어깨 뜨기

10mm 줄바늘을 사용해 헤비 메리노 2가닥과 소프트 실크 모헤어 2가닥으로 27[29, 31]코를 잡는다.

다음 단(안면): 안 1, 겉 2, 안 10, 겉 2, 안 6, 겉 6[8, 10].

차트 B를 따라 평면뜨기로 1단부터 18단까지 떠서 안면에서 마무리한다.

총 33[35, 37]코.

실을 끊지 않고 바늘에 둔다.

어깨 연결하기

겉면을 보고 오른쪽 어깨부터 시작한다.

다음 단: 차트 C의 1단을 33[35, 37]코 뜨기(오른쪽 어깨), 감아코로 6[8, 10]코 만들기,
차트 D 1단을 33[35, 37]코 뜨기(왼쪽 어깨). 총 72[78, 84]코.

참고: 오른쪽과 왼쪽 어깨 사이에 새로 잡은 코는 기호 도안에 표시되어 있지 않다.
이 코들은 기존 무늬에 맞춰 겉뜨기와 안뜨기를 하여 가로로 길게 뜬다. 오른쪽 어깨는 차트 C를 따라,
왼쪽 어깨는 차트 D를 따라 계속 작업하면서 2단에서 12단까지 모든 코를 뜬다.

진동 늘림

참고: 늘어난 코들은 기호 도안에 표시되어 있지 않다. 이 코들은 코늘림한 것과 같은 방식으로 뜬다. 즉 겉뜨기 모양으로 늘린 코는 겉면에서 겉뜨기로, 안뜨기 모양으로 늘린 코는 겉면에서 안뜨기로 뜬다(겉면 기준).

1단(겉면): 안 1, m1R(안), 차트 C와 차트 D의 1단을 1코가 남을 때까지 뜨기, m1L(안), 안 1.

2단: 단 끝까지 패턴에 맞춰 뜨기.

3단: 겉 1, m1R(겉), 차트 C와 차트 D의 3단을 1코 남을 때까지 뜨기, m1L(겉), 겉 1.

4단: 단 끝까지 패턴에 맞춰 뜨기.

S 사이즈

실 끊기. 총 76코.

M 사이즈

1단과 2단을 1번 반복. 실 끊기. 총 84코.

L 사이즈

1단과 2단을 2번 반복. 실 끊기. 총 92코.

뒤판

오른쪽 어깨 뜨기

10mm 줄바늘을 이용해 헤비 메리노 2가닥과 소프트 실크 모헤어 2가닥으로 오른쪽 어깨 코잡은 단에서 27[29, 31]코를 줍는다.

다음 단(안면): 겉 6[8, 10], 안 6, 겉 2, 안 10, 겉 2, 안 1.

차트 E 1~6단을 평면뜨기로 계속 작업하여 안면에서 마무리한다. 총 29[31, 33]코.

코를 스티치 홀더나 자투리 실에 옮기고 실을 끊은 후, 한쪽으로 치워둔다.

왼쪽 어깨 뜨기

10mm 줄바늘을 이용해 헤비 메리노 2가닥과 소프트 실크 모헤어 2가닥으로 왼쪽 어깨 코잡은 단에서 27[29, 31]코를 줍는다.

다음 단(안면): 안 1, 겉 2, 안 10, 겉 2, 안 6, 겉 6[8, 10].

차트 F 1~6단을 평면뜨기로 계속 작업하여 안면에서 마무리한다. 총 29[31, 33]코.

실을 끊지 않고 바늘에 둔다.

어깨 연결하기

왼쪽 어깨부터 겉면을 보고 뜬다.

다음 단: 차트 F 7단을 29[31, 33]코까지 뜬다(왼쪽 어깨). 감아코로 10[12, 14]코 만들기,
차트 E 7단을 29[31, 33]코까지 뜬다(오른쪽 어깨). 총 68[74, 80]코.

참고: 왼쪽 어깨와 오른쪽 어깨 사이에 새로 잡은 코는 기호 도안에 표시되어 있지 않다.
이 새로운 코들은 기존 무늬에 맞춰 겉뜨기와 안뜨기를 하여 가로로 길게 뜬다.
차트 E와 차트 F의 8단에서 18단까지 모든 코를 뜬다.
차트 C와 차트 D의 1단에서 12단까지 모든 코를 뜬다. 총 72[78, 84]코.

진동 늘림

참고: 늘어난 코들은 기호 도안에 표시되어 있지 않다. 이 코들은 코늘림한 것과 같은 방식으로 뜬다.
즉 겉뜨기 모양으로 늘린 코는 겉면에서 겉뜨기로, 안뜨기 모양으로 늘린 코는 겉면에서 안뜨기로
뜬다(겉면 기준).

1단(겉면): 안 1, m1R(안), 차트 C와 차트 D의 1단을 1코 남을 때까지 뜨기, m1L(안), 안 1.
2단: 단 끝까지 패턴에 맞춰 뜨기.
3단: 겉 1, m1R(겉), 차트 C와 차트 D의 3단을 1코 남을 때까지 뜨기, m1L(겉), 겉 1.
4단: 단 끝까지 패턴에 맞춰 뜨기.

S 사이즈

실 끊기. 총 76코.

M 사이즈

1단과 2단 1번 반복. 실 끊기. 총 84코.

L 사이즈

1단에서 4단까지 1번 반복. 실 끊기. 총 92코.

몸통 연결하기

뒤판과 앞판의 겉면을 보고 10㎜ 줄바늘을 이용하여 아래와 같이 원통으로 뜬다.

1단(겉면): 차트 C와 차트 D의 5[7, 9]단을 끝까지 뜨기(뒤판), 마커 걸기,

차트 C와 차트 D의 5[7, 9]단을 끝까지 뜨기(앞판), 마커 걸기.

총 152[168, 184]코.

차트 C와 차트 D 6단에서 12단[8단에서 12단, 10단에서 12단]까지 원통으로 뜬다.

차트 C와 차트 D 1단에서 12단까지 원통으로 3[4, 4]번 더 뜬다.

차트 G와 차트 H 1단에서 11단까지 원통으로 뜬다. 총 144[160, 176]코.

밑단 뜨기

7㎜ 줄바늘로 바꾸어 아래와 같이 원통으로 뜬다.

1단: 단 끝까지 겉뜨기.

2단: 단 끝까지 *겉 1, 안 1* 반복.

1코 고무뜨기로 5단 더 뜨기.

1코 고무뜨기 패턴에 맞춰 느슨하게 코막음.

소매

10㎜ 장갑바늘을 사용하여 겨드랑이 중심부터 작업한다. 어깨 꼭대기까지 곡선으로 올라가며
27[29, 31]코를 줍고 반대쪽 진동둘레 맨 밑까지 아래로 내려오며 27[29, 31]코를 줍는다.
마커를 걸고 원통으로 연결하여 작업한다. 총 54[58, 62]코.

참고: 진동둘레의 4코마다 3코를 줍고 1코를 건너뛰어 줍는다.

소매경사뜨기

1단: 소매 차트 X 1단에서 처음 27[29, 31]코까지 뜨기, 소매 차트 Y 1단에서 그다음
25[27, 29]코까지 떠서 마커 전 2코가 남도록 하기, 편물 뒤집기.

2단: 더블스티치 만들기, 마커 전 2코 남을 때까지 패턴에 맞춰 뜨기, 편물 뒤집기.

3단: 더블스티치 만들기, 소매 차트 X의 3단 4번째 코부터 시작하기,
그 후 소매 차트 X와 소매 차트 Y의 3단을 단 끝까지 뜨기.

계속해서 아래와 같이 원통으로 단 끝까지 뜬다.

소매 차트 X와 차트 Y의 4단부터 12단까지 뜨기. 총 58[62, 66]코.

소매 차트 Z와 차트 W의 1단부터 12단까지를 3[4, 4]번 반복.

소매 차트 S와 차트 T의 1단부터 5단까지 뜨기. 총 54[58, 62]코.

소매 고무단 뜨기

7mm 장갑바늘로 바꾼다.

다음 단: 단 끝까지 겉뜨기.

다음 단(줄임단): 0[4, 2]코 남을 때까지 *겉 7[7, 8], k2tog* 반복, 겉 0[4, 2].

총 48[52, 56]코.

다음 단: 단 끝까지 *겉 1, 안 1* 반복.

마지막 단을 1코 고무뜨기로 3단 더 뜨기.

1코 고무뜨기 패턴에 맞춰 느슨하게 코막음한다.

넥밴드

7mm 장갑바늘을 사용해서 목둘레에 고르게 64[68, 72]코를 줍는다.

다음 단: 단 끝까지 안뜨기.

다음 단(줄임단): 0[4, 0]코 남을 때까지 *겉 2, k2tog* 반복, 겉 0[4, 0].

총 48[52, 54]코.

다음 단: 단 끝까지 *겉 1, 안 1* 반복.

고무단이 11cm가 될 때까지 1코 고무뜨기 반복.

1코 고무뜨기 패턴에 맞춰 느슨하게 코막음.

마무리

남아 있는 꼬리실을 정리하고 소매 겨드랑이에 구멍이 있다면 꿰맨다.

뒤집어서 부드럽게 스팀한다.

기호 도안 읽는 법

(XXS XS S)
사이즈별 시작 코 위치 XXS[XS, S]

(S XS XXS)
사이즈별 마지막 코 위치 XXS[XS, S]

■ 코 없음. 작업 없이 다음 칸으로 넘어가기

□ 겉면에서 겉뜨기, 안면에서 안뜨기

w 겉면에서 안뜨기, 안면에서 겉뜨기

Nx m1L(안), 안뜨기 모양으로 왼코 늘리기

N m1L(겉), 겉뜨기 모양으로 왼코 늘리기

Nx m1R(안), 안뜨기 모양으로 오른코 늘리기

N m1R(겉), 겉뜨기 모양으로 오른코 늘리기

겉뜨기 모양으로 1코 걸러뜨기,
겉 1, 걸러뜬 코로 덮어씌우기

k2tog, 겉뜨기로 2코 모아뜨기

꽈배기 바늘에 3코 옮기고 그 바늘을
편물 앞에 두기, 왼쪽 바늘의 3코 겉뜨기,
꽈배기 바늘의 3코 겉뜨기

꽈배기 바늘에 3코 옮기고 그 바늘을
편물 뒤에 두기, 왼쪽 바늘의 3코 겉뜨기,
꽈배기 바늘의 3코 겉뜨기

꽈배기 바늘에 6코 옮기고 그 바늘을
편물 앞에 두기, 왼쪽 바늘의 6코 겉뜨기,
꽈배기 바늘의 6코 겉뜨기

꽈배기 바늘에 6코 옮기고 그 바늘을
편물 뒤에 두기, 왼쪽 바늘의 6코 겉뜨기,
꽈배기 바늘의 6코 겉뜨기

꽈배기 바늘에 6코 옮기고 그 바늘을
편물 앞에 두기, 왼쪽 바늘의 4코를 겉 1, m1(겉),
겉 2, m1(겉), 겉 1, 꽈배기 바늘의 6코 겉뜨기.

꽈배기 바늘에 4코 옮기고 편물 뒤에 두기,
왼쪽 바늘의 6코 겉뜨기, 꽈배기 바늘의 4코를
겉 1, m1, 겉 1, m1, 겉 2.

차트 A

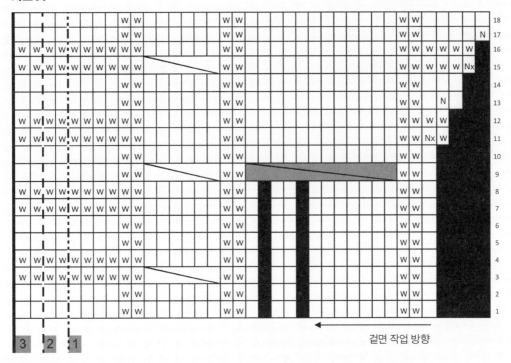

차트 B

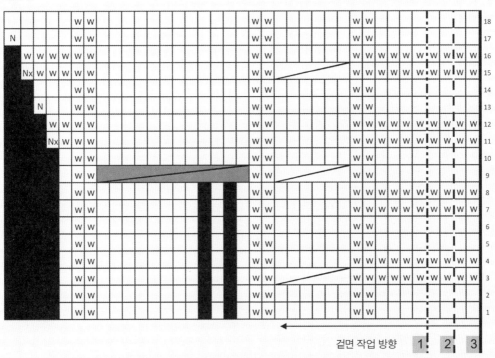

차트 C

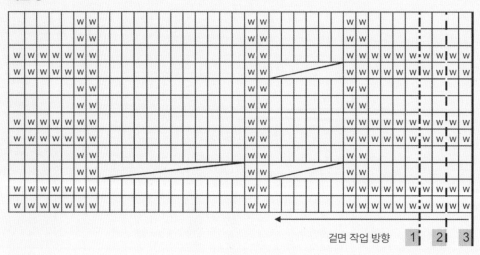

겉면 작업 방향   1   2   3

차트 D

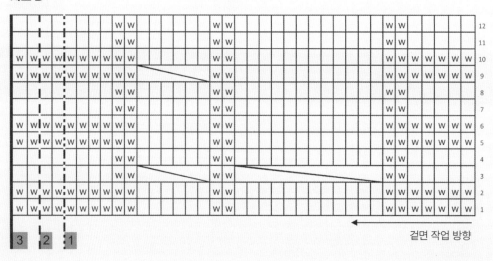

겉면 작업 방향

차트 E

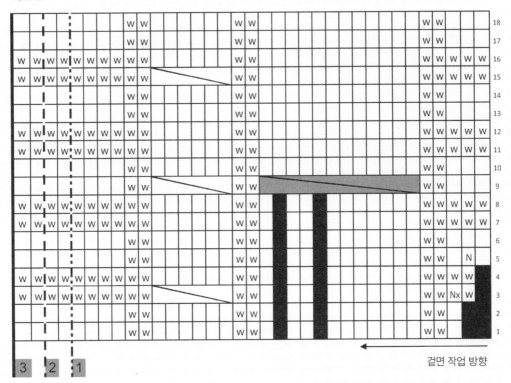

차트 F

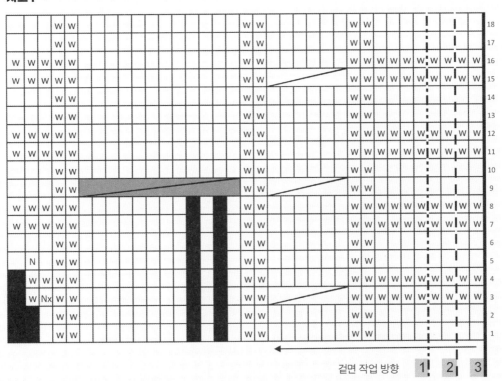

차트 G

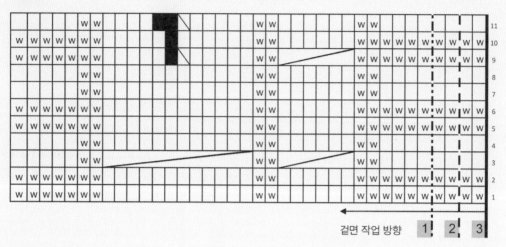

겉면 작업 방향

차트 H

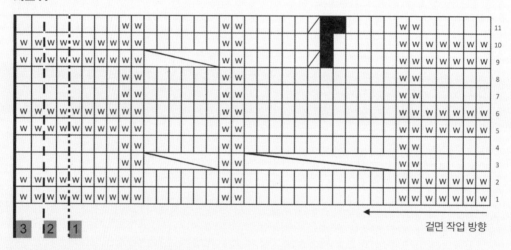

겉면 작업 방향

소매 차트 S

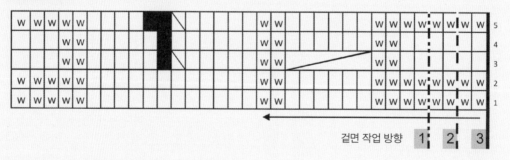

겉면 작업 방향

88

소매 차트 X

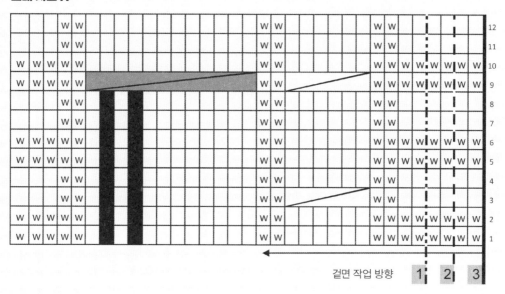

겉면 작업 방향

소매 차트 Y

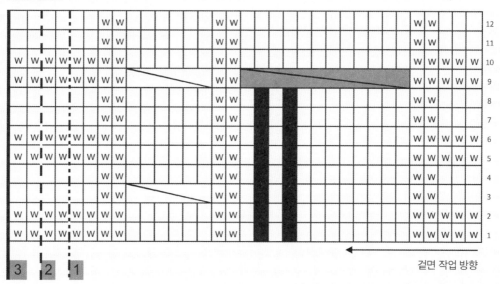

겉면 작업 방향

소매 차트 T

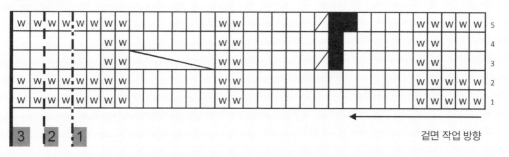

겉면 작업 방향

소매 차트 Z

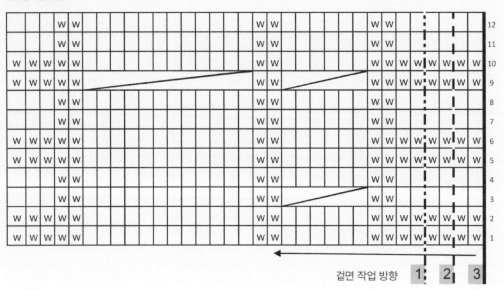

겉면 작업 방향

소매 차트 W

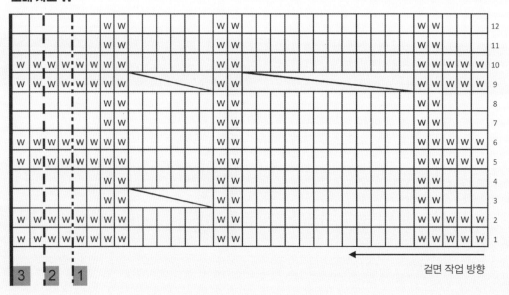

겉면 작업 방향

90

Chunky Rib Sweater
청키 립 스웨터

—

높게 올라온 목선이 특징인 여유로운 품의 캐주얼한 스웨터. 탑다운 원통으로 뜨며 전체가 클래식한 3코 고무뜨기로 이루어졌다. 경사뜨기로 목선을 만든 후 고무뜨기 패턴을 몸통까지 길게 이어 뜬다. 몸통 고무뜨기 패턴 위로 래글런 패턴이 가로지르며 소매와 경계를 나눈다. 이 캐주얼한 스웨터는 신축성 있게 늘어나며, 기장은 원하는 대로 조절 가능하다.

청키 립 스웨터

사이즈	XS[S, M, L, XL]
신체 가슴둘레	76-90[91-100, 101-120, 121-130, 131-145]㎝
옷 가슴둘레	116[121, 129, 135, 145]㎝
길이	54[56, 60, 64, 68]㎝
소매 길이	47[47, 47, 48, 48]㎝
실	니팅 포 올리브 헤비 메리노(메리노 울 100%, 50g당 125m)
	니팅 포 올리브 소프트 실크 모헤어(실크 30%, 모헤어 70%, 25g당 225m)
수량	헤비 메리노(러스트) 7[8, 9, 10, 11]볼×50g,
	소프트 실크 모헤어(러스트) 8[9, 10, 11, 12]볼×25g
바늘	4.5㎜ 장갑바늘과 줄바늘, 6㎜ 장갑바늘과 줄바늘, 마커, 스티치 홀더, 돗바늘
게이지	15코 20단
	(6㎜ 바늘, 니팅 포 올리브 헤비 메리노 1가닥과 소프트 실크 모헤어 2가닥,
	10×10㎝ 3코 고무뜨기)
약어	**m1R(겉)** 겉뜨기 모양으로 오른코 늘리기
(269쪽 참고)	**m1L(겉)** 겉뜨기 모양으로 왼코 늘리기
	m1R(안) 안뜨기 모양으로 오른코 늘리기
	m1L(안) 안뜨기 모양으로 왼코 늘리기
	k2tog 겉뜨기로 2코 모아뜨기

참고

헤비 메리노 1가닥과 소프트 실크 모헤어 2가닥을 함께 뜬다. 실이 쉽게 풀리도록 타래 중앙에서 가닥을 빼어 사용하자. 새로운 실을 가져올 때는 쓰던 실과 새 실 끝부분을 안쪽 면에서 10㎝ 정도 겹쳐 함께 떠준다. 요크를 뜨기 위해 코를 늘릴 때는 더 긴 줄바늘로 바꾼다.
몸통에서 소매를 분리할 때는 몸통 뜨기를 위해 다시 짧은 줄바늘로 바꾸는 것이 좋다.

넥밴드

4.5㎜ 장갑바늘을 사용해 헤비 메리노 1가닥과 소프트 실크 모헤어 2가닥으로 72[72, 80, 80, 80]코를 잡는다. 시작 마커를 걸고 원통으로 연결해 코가 꼬이지 않도록 주의하며 뜬다.
시작 마커를 건 곳이 뒤판 중심이 된다.

XS, S 사이즈
1단: 겉 1, 안 2, 1코 남을 때까지 *겉 2, 안 2* 반복, 겉 1, 시작 마커 넘기기.

M, L, XL 사이즈
1단: 안 1, 3코 남을 때까지 *겉 2, 안 2* 반복, 겉 2, 안 1,
시작 마커 넘기기.

모든 사이즈
2코 고무뜨기로 편물이 8[8, 9, 9, 9]㎝가 될 때까지 원통으로 뜬다.

요크

4.5㎜ 장갑바늘로 계속 작업하다가 콧수가 늘어나면 줄바늘로 바꾼다.

래글런 마커 걸기
XS, S 사이즈
1단(늘림단): *m1L(겉), 겉 1, 안 1, m1L(안), 안 1, 겉 1, m1L(겉), 겉 1, 안 1, m1L(안), 안 1,
마커 걸기, 다음 10코 패턴에 맞춰 뜨기, 마커 걸기, 안 1, m1L(안), 안 1, 마커 걸기,
다음 10코 패턴에 맞춰 뜨기, 마커 걸기, 안 1, m1L(안), 안 1, 겉 1, m1R(겉), 겉 1, 안 1, m1L(안),
안 1, 겉 1*, 단 끝까지 *~*를 반복. 총 88코.

M, L, XL 사이즈
1단(늘림단): *m1L(안), 안 1, (겉 1, m1L(겉), 겉 1, 안 1, m1L(안), 안 1)을 2번, 마커 걸기,
다음 10코 패턴에 맞춰 뜨기, 마커 걸기, 안 1, m1L(안), 안 1, 마커 걸기,
다음 10코 패턴에 맞춰 뜨기, 마커 걸기, (안 1, m1L(안), 안 1, 겉 1, m1L(겉), 겉 1)을 2번, 안 1*,
단 끝까지 *~*를 반복. 총 100코.

모든 사이즈

6mm 줄바늘로 바꾼다.

다음 단: 단 끝까지 패턴에 맞춰 뜨기, 시작 마커를 오른쪽 바늘로 넘기기.

경사뜨기

1단: *다음 마커까지 패턴에 맞춰 뜨기, m1R(겉), 마커 넘기기, 다음 10코를 마커까지 패턴에 맞춰 뜨기, 마커 넘기기, m1L(겉)*, *~*를 1번 더 반복, 안 2, 뒤집기.

2단: 더블스티치 만들기, 시작 마커까지 패턴에 맞춰 뜨되 이전 단에 새로 만든 코는 안뜨기, *다음 마커까지 패턴에 맞춰 뜨기, m1R(안), 마커 넘기기, 다음 10코 패턴에 맞춰 뜨기, 마커 넘기기, m1L(안)*, *~*를 1번 더 반복, 겉 2, 뒤집기.

3단: 더블스티치 만들기, 시작 마커 전까지 패턴에 맞춰 뜨되 이전 단에 새로 만든 코는 겉뜨기. 총 96[96, 108, 108, 108]코.

아래와 같이 원통으로 뜬다.

1단: *첫 번째 마커까지 패턴에 맞춰 뜨기, m1R(겉), 마커 넘기기, 다음 10코 패턴에 맞춰 뜨기, 마커 넘기기, m1L(겉)*, *~*를 3번 더 반복, 단 끝까지 패턴에 맞춰 뜨기.

2단: 단 끝까지 패턴에 맞춰 뜨기.

3단: 1단을 반복.

4단: 2단을 반복.

5단: *첫 번째 마커까지 패턴에 맞춰 뜨기, m1R(안), 마커 넘기기, 다음 10코를 패턴에 맞춰 뜨기, 마커 넘기기, m1L(안)*, *~*를 3번 반복, 단 끝까지 패턴에 맞춰 뜨기.

6단: 단 끝까지 패턴에 맞춰 뜨기.

7~10단: 5단과 6단을 2번 더 반복. 총 136[136, 148, 148, 148]코.

앞의 경사뜨기 1~3단과 원통뜨기 1~10단을 2번 더 반복. 총 232[232, 244, 244, 244]코.

아래와 같이 원통으로 뜬다.

1단: *첫 번째 마커까지 패턴에 맞춰 뜨기, m1R(겉), 마커 넘기기, 다음 10코를 패턴에 맞춰 뜨기, 마커 넘기기, m1L(겉)*, *~*를 3번 반복, 단 끝까지 패턴에 맞춰 뜨기.

2단: 단 끝까지 패턴에 맞춰 뜨기.

3~6단: 1~2단을 2번 더 반복.

7단: *첫 번째 마커까지 패턴에 맞춰 뜨기, m1R(겉), 마커 넘기기, 다음 10코를 패턴에 맞춰 뜨기, 마커 넘기기, m1L(안)*, *~*를 3번 반복, 단 끝까지 패턴에 맞춰 뜨기.

8단: 단 끝까지 패턴에 맞춰 뜨기.

9~12단: 7~8단을 2번 더 반복. 총 280[280, 292, 292, 292]코.

다음 단: 단 끝까지 패턴에 맞춰 뜨기.

마지막 단을 0[1, 2, 3, 3]번 반복.

몸통과 소매 분리하기

준비단: *첫 번째 마커까지 패턴에 맞춰 뜨기, 마커 넘기기, 다음 9코를 패턴에 맞춰 뜨기,
다음 소매 53코를 스티치 홀더나 자투리 실에 옮기기,
오른쪽 바늘에 0[4, 4, 8, 16]코 잡기, 다음 9코를 패턴에 맞춰 뜨기, 마커 넘기기*,
*~*를 1번 더 반복, 단 끝까지 패턴에 맞춰 뜨기. 마커 제거.
이제 바늘에 총 174[182, 194, 202, 218]코가 있다.

몸통

다음 단: 첫 번째 마커까지 패턴에 맞춰 뜨기, 다음 마커 전 2코가 남을 때까지 *겉 2, 안 2* 반복, 겉 2.

어깨부터 잰 편물 길이가 46[48, 52, 56, 60]㎝가 되거나 선호하는 길이보다
8㎝ 짧을 때까지 패턴에 맞춰 원통으로 뜬다. 4.5㎜ 줄바늘로 바꾼다.
패턴에 맞춰 8㎝ 더 원통으로 뜬다. 패턴에 맞춰 느슨하게 코막음.

소매(양쪽 동일)

6㎜ 장갑바늘에 소매 53코를 옮기고 헤비 메리노 1가닥과 소프트 실크 모헤어 2가닥을 연결하여
작업한다.

준비단: 패턴에 맞춰 53코 뜨기, 겨드랑이 감아코에서 1[7, 7, 13, 19]코 주워서 겉뜨기,
마커 걸기, 원통으로 연결하여 코가 꼬이지 않도록 주의하며 작업한다.
총 54[60, 60, 66, 72]코.

아래와 같이 원통으로 뜬다.

XS 사이즈
다음 단: 패턴에 맞춰 끝까지 뜨되, 이전 단에서 새로 주운 코는 겉 1.

S, M 사이즈
다음 단: 패턴에 맞춰 끝까지 뜨되, 이전 단에서 새로 주운 코는 겉 2, 안 3, 겉 2.

L 사이즈
다음 단: 패턴에 맞춰 끝까지 뜨되, 이전 단에서 새로 주운 코는 겉 2, 안 3, 겉 3, 안 3, 겉 2.

XL 사이즈
다음 단: 패턴에 맞춰 끝까지 뜨되, 이전 단에서 새로 주운 코는 겉 2, 안 3, (겉 3, 안 3) 2번, 겉 2.

모든 사이즈
소매 길이가 38 [38, 38, 39, 39]㎝가 되거나 선호하는 길이보다 9㎝ 짧을 때까지 패턴에 맞춰 원통으로 뜬다.

4.5㎜ 장갑바늘로 바꾼다.
마커를 오른쪽으로 1코 옮겨 각 단의 처음 2코가 겉뜨기 모양이 되도록 한다.

다음 단(줄임단): 단 끝까지 *k2tog, 안 2, k2tog* 반복. 총 36 [40, 40, 44, 48]코.

소매 고무단 뜨기
다음 단: 겉 1, 안 2, 1코 남을 때까지 *겉 2, 안 2* 반복, 겉 1.
소매 고무단이 9㎝가 될 때까지 2코 고무뜨기를 원통으로 뜬다.
고무단 패턴에 맞춰 느슨하게 코막음.

마무리

남아 있는 꼬리실을 정리하고 소매 겨드랑이에 구멍이 있다면 꿰맨다.
뒤집어서 부드럽게 스팀한다.

December Hat and Olive Scarf

디셈버 비니와 올리브 머플러

—

디셈버 비니는 깔끔한 기본 스타일의 모자로, 취향에 따라 끝단을 접는 스타일로 떠도 되고 일자로 떨어지도록 떠도 된다. 소프트 실크 모헤어 2가닥과 메리노 1가닥을 함께 잡아 2겹으로 도톰하게 떠서 더 따뜻하고 부드럽다. 정수리의 겉면에서 시작하여 정수리의 안쪽 면까지 한번에 뜬다.

올리브 머플러는 깔끔한 무늬로 길게 떠서 우아한 멋을 풍긴다. 테두리는 처음부터 끝까지 꼬아뜨기로, 무늬는 기호 도안을 따라 평면뜨기로 뜬다. 양면으로 사용이 가능하며 어느 쪽으로 매치하든 멋스럽다.

디셈버 비니

사이즈	XXS[XS, S, M, L, XL, 2XL]
머리 둘레	42-45cm[45-48cm, 48-52cm, 52-54cm, 54-56cm, 56-58cm, 58-61cm]
길이	20cm[22cm, 23cm, 24cm, 25cm, 26cm, 26cm]
실	니팅 포 올리브 메리노(메리노 울 100%, 50g당 250m)
	니팅 포 올리브 소프트 실크 모헤어(실크 30%, 모헤어 70%, 25g당 225m)
수량	**끝단 접는 스타일**
	메리노(헤이즐) 1[1, 1, 1, 2, 2, 2]볼×50g,
	소프트 실크 모헤어(너트 브라운) 2[2, 2, 3, 3, 3, 3]볼×25g
	접지 않는 스타일
	메리노(헤이즐) 1[1, 1, 1, 1, 1, 1]볼×50g,
	소프트 실크 모헤어(너트 브라운) 2[2, 2, 2, 2, 2, 2]볼×25g
도구	5mm 장갑바늘과 줄바늘, 마커, 스티치 홀더, 돗바늘
게이지	16코 24단(5mm 바늘, 니팅 포 올리브 메리노 1가닥과 소프트 실크 모헤어 2가닥, 10×10cm 메리야스뜨기)
약어	**kfb** 겉뜨기 코늘리기

(269쪽 참고)

참고

메리노 1가닥과 소프트 실크 모헤어 2가닥을 함께 뜬다. 실이 쉽게 풀리도록 타래 중앙에서 가닥을 빼어 사용하자. 새로운 실을 가져올 때는 쓰던 실과 새 실 끝부분을 안쪽 면에서 10cm 정도 겹쳐 함께 떠준다. 모자 정수리를 뜨기 위해 코를 늘릴 때는 더 긴 줄바늘로 바꾼다.

모자

5㎜ 장갑바늘을 사용해 메리노 1가닥과 소프트 실크 모헤어 2가닥으로 8코를 잡는다. 시작 마커를 걸고 코가 꼬이지 않도록 주의하며 원통으로 뜬다. 한 바늘에 2코씩 두어 총 4개 바늘에 8코가 놓이도록 한다.

다음과 같이 코늘림한다.
1단(늘림단): 단 끝까지 *kfb 2, 마커 걸기* 반복. 총 16코.
2단: 단 끝까지 겉뜨기.
3단(늘림단): 단 끝까지 *kfb, 다음 마커 전 1코가 남을 때까지 겉뜨기, kfb, 마커 넘기기* 반복. 총 24코.
2~3단을 총 48[56, 56, 64, 64, 72, 72]코가 될 때까지 반복.
다음 단: 단 끝까지 겉뜨기.

다음과 같이 계속해서 코를 늘린다.
1단(늘림단): 단 끝까지 *kfb, 다음 마커까지 겉뜨기, 마커 넘기기* 반복.
총 52[60, 60, 68, 68, 76, 76]코.
2단: 단 끝까지 겉뜨기.
1단을 1[0, 1, 0, 1, 0, 1]번 더 반복. 총 56[60, 64, 68, 72, 76, 80]코.

끝단 안 접는 스타일은 편물 길이가 37[39, 41, 43, 45, 46, 46]㎝가 될 때까지 코늘림 없이 메리야스뜨기.
끝단 접는 스타일은 편물 길이가 47[50, 53, 55, 61, 63, 63]㎝가 될 때까지 코늘림 없이 메리야스뜨기.

모든 스타일
1단(줄임단): 단 끝까지 *다음 마커 전 2코가 남을 때까지 겉뜨기, k2tog, 마커 넘기기* 반복.
총 52[56, 60, 64, 68, 72, 76]코.
2단: 단 끝까지 겉뜨기.
총 48[52, 56, 60, 64, 68, 72]코가 남을 때까지 1~2단을 반복.
총 8코가 남을 때까지 1단 반복.
실을 끊고 남은 실을 나머지 8코 안으로 통과시킨다.
모자 마감 부분 안으로 꼬리실을 넣어 꿰맨다.

마무리

마감 부분을 잡고 편물의 반을 나머지 반쪽 안으로 넣는다. 모자가 두 겹이 되어 더 따뜻하게 쓸 수 있다.
꼬리실로 모자의 겉감과 안감을 같이 꿰매어 고정한다. 남은 꼬리실을 정리하고 부드럽게 스팀한다.

올리브 머플러

사이즈	길이 230cm, 넓이 37cm
실	디셈버 비니와 동일
수량	메리노(헤이즐) 4볼×50g, 소프트 실크 모헤어(너트 브라운) 4볼×25g
도구	4.5mm 줄바늘, 마커, 스티치 홀더, 돗바늘
게이지	26코 28단(4.5mm 바늘, 메리노 1가닥과 소프트 실크 모헤어 2가닥, 10×10cm 무늬뜨기)
약어	**k1-tbl** 겉뜨기 꼬아뜨기 1코
(269쪽 참고)	**m1L** 왼코 늘리기
	m1R 오른코 늘리기

머플러

4.5mm 줄바늘을 사용해 91코를 잡는다.

꼬아뜨기 고무단

1단(안면): 안 2, 1코 남을 때까지 *겉 1, 안 1* 반복, 안 1.
2단: 겉 2, 안 1, 2코 남을 때까지 *k1-tbl, 안 1* 반복, 겉 2.
3단: 안 2, 1코 남을 때까지 *겉 1, 안 1* 반복, 안 1.
고무단이 16cm가 될 때까지 2~3단을 반복하여 안면까지 뜨고 마무리한다.

무늬뜨기

평면뜨기로 차트를 24번 반복한다.
차트 1~8단을 1번 더 뜬다.

꼬아뜨기 고무단

고무단이 16cm가 될 때까지 앞의 꼬아뜨기 고무단 2~3단을 반복하여 안면까지 뜨고 마무리한다.
고무단 패턴에 맞춰 느슨하게 코막음.

마무리

남아 있는 꼬리실을 정리하고 부드럽게 스팀한다.

차트

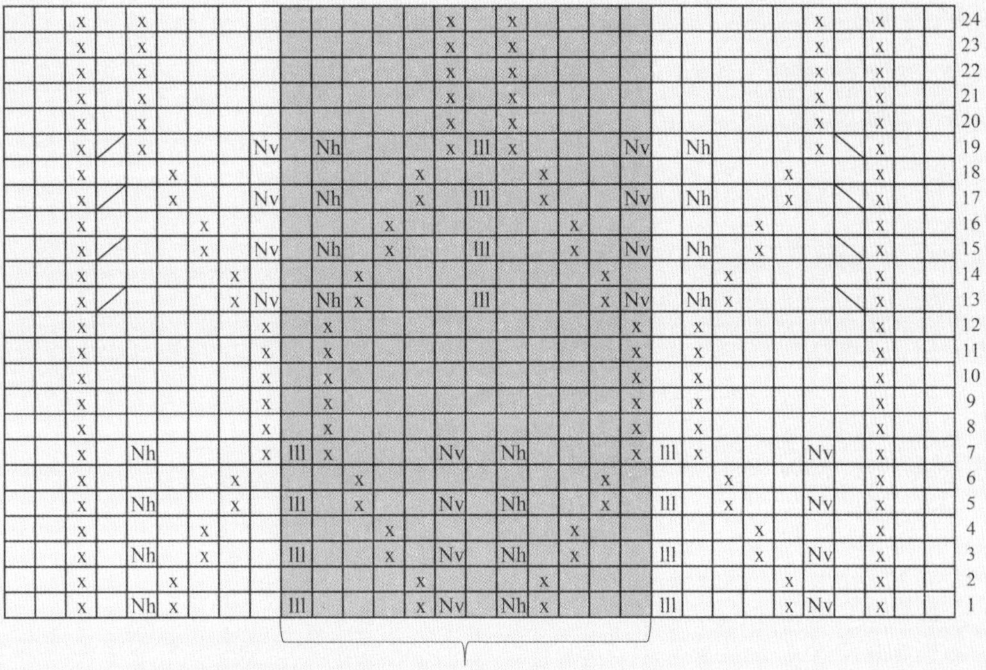

이 12코 패턴을 6번 반복한다.

- 겉면에서 겉뜨기, 안면에서 안뜨기
- x 겉면에서 안뜨기, 안면에서 겉뜨기
- Nv m1L
- Nh m1R
- III 겉뜨기 모양으로 2코 걸러뜨기, 겉 1, 걸러뜬 코로 덮어씌우기
- 겉뜨기 모양으로 1코 걸러뜨기, 겉 1, 걸러뜬 코로 덮어씌우기
- 겉뜨기로 2코 모아뜨기
- 12코 패턴을 각 단에서 총 6번 작업하는 부분을 나타낸다

Waffle Sweater

와플 스웨터

—

니팅 포 올리브 모헤어 중 가장 부드러운 소프트 실크 모헤어로 깃털
처럼 가볍게 만든 풀오버 스웨터다. 우아하고 여성스러운 아일릿 무
늬가 세로로 이어지며 몸통을 장식하고, 밑단과 소맷단은 신축성 있
는 고무단으로 마무리했다. 탑다운 원통으로 작업하며 목선은 경사뜨
기로, 소매는 래글런 코늘림으로 형태를 잡는다.

와플 스웨터

사이즈	XXS[XS, S, M, L, XL, 2XL, 3XL]
신체 가슴둘레	76-83[84-91, 92-99, 100-107, 108-116, 117-127, 128-139, 140-149]㎝
옷 가슴둘레	90[99, 108, 117, 126, 135, 145, 154]㎝
길이	52[54, 56, 58, 62, 66, 68, 70]㎝
소매 길이	45[45, 46, 45, 44, 44, 44, 44]㎝
실	니팅 포 올리브 소프트 실크 모헤어(실크 30%, 모헤어 70%, 25g당 225m)
수량	소프트 실크 모헤어(머시룸 로즈) 10[11, 12, 12, 13, 15, 17, 19]볼×25g
바늘	3.5㎜ 장갑바늘, 4.5㎜ 장갑바늘과 줄바늘, 5㎜ 줄바늘, 5.5㎜ 장갑바늘, 마커, 스티치 홀더, 돗바늘
게이지	15.5코 23단(5.5㎜ 바늘, 니팅 포 올리브 소프트 실크 모헤어 3가닥, 10×10㎝ 와플 무늬 뜨기)
약어 (269쪽 참고)	**m1R(겉)** 겉뜨기 모양으로 오른코 늘리기 **m1L(겉)** 겉뜨기 모양으로 왼코 늘리기 **k2tog** 겉뜨기로 2코 모아뜨기 **p2tog** 안뜨기로 2코 모아뜨기 **p2tog-tbl** 안뜨기로 2코 모아 꼬아뜨기

참고

소프트 실크 모헤어 3가닥을 함께 뜬다. 실이 쉽게 풀리도록 타래 중앙에서 가닥을 빼어 사용하자.
새로운 실을 가져올 때는 쓰던 실과 새 실 끝부분을 안쪽 면에서 10㎝ 정도 겹쳐 함께 떠준다.
요크를 뜨기 위해 코를 늘릴 때는 더 긴 줄바늘로 바꾼다. 몸통에서 소매를 분리할 때는 몸통 뜨기를
위해 다시 짧은 줄바늘로 바꾸는 것이 좋다.

넥밴드

5.5mm 장갑바늘을 사용해 소프트 실크 모헤어 3가닥으로 84[84, 84, 84, 84, 96, 96, 96]코를 잡는다. 시작 마커를 걸고 코가 꼬이지 않도록 주의하며 원통으로 연결한다. 시작 마커를 건 곳이 뒤판 중앙이 된다.

4.5mm 장갑바늘로 바꾼다.
1단: 단 끝까지 *겉 1, 안 1* 반복, 마커 넘기기.
1코 고무뜨기를 편물이 2cm가 될 때까지 반복.
3.5mm 장갑바늘로 바꾼다.
1코 고무뜨기를 편물이 8cm가 될 때까지 반복.
4.5mm 장갑바늘로 바꾼다.
1코 고무뜨기를 편물이 10cm가 될 때까지 반복.

겹단 넥밴드 뜨기

코 잡은 단을 뒤쪽으로 접어서 고무단 폭이 5cm가 되도록 겹쳐 바늘에 있는 코와 시작코가 나란히 놓이게 정렬한다. 시작코와 바늘에 있는 코를 다음과 같이 함께 뜬다.
단 끝까지 *첫 번째 시작코를 주워 바늘에 있는 첫 코와 함께 겉뜨기, 2번째 시작코를 주워 바늘에 있는 2번째 코와 함께 안뜨기* 반복.
이제 모든 시작코와 바늘에 있는 코가 이전 단 패턴에 맞춰 자연스럽게 연결된다.

요크

5.5mm 장갑바늘로 바꿔 뜨다가 콧수가 늘어나면 줄바늘로 바꾼다.

래글런 마커 걸기

1단: *겉 1, 안 2, 바늘비우기, 겉 1, 안 2*, *~*를 1[1, 1, 1, 1, 2, 2, 2]번 더 반복, 마커 걸기, *~*를 3번 반복, 마커 걸기, *~*를 4[4, 4, 4, 4, 5, 5, 5]번 반복, 마커 걸기, *~*를 3번 더 반복, 마커 걸기, *~*를 2번 더 반복, 마커 넘기기. 총 98[98, 98, 98, 98, 112, 112, 112]코.

경사뜨기와 래글런 코늘림

참고: 목은 경사뜨기로 형태를 잡는다.
1단: *이전 단에서 바늘비우기 코늘림한 부분은 겉뜨기하면서 다음 마커까지 패턴에 맞춰 뜨기, m1R(겉), 마커 넘기기, 겉 1, m1L(겉)*, *~*를 1번 더 반복, 안 1, 편물 뒤집기.

2단: 더블스티치 만들기, 안 2, 마커 넘기기, 안 1, *겉 2, 바늘비우기, p2tog, 겉 2, 안 1*, *~*를 다음 마커 전 1코 남을 때까지 반복, 안 1, 마커 넘기기, 안 1, 시작 마커까지 *~*를 반복, 마커 넘기기, *이전 단에서 바늘비우기 코늘림한 부분을 안뜨기하면서 다음 마커 전 1코 남을 때까지 패턴에 맞춰 뜨기, m1R(안), 안 1, 마커 넘기기, m1L(안)*, *~*를 1번 더 반복, 겉 1, 편물 뒤집기.

3단: 더블스티치 만들기, 겉 1, 마커 넘기기, 겉 1, *겉 1, 안 2, k2tog, 바늘비우기, 안 2*, 시작 마커까지 *~*를 다음 마커 전 1코 남을 때까지 반복, 겉 1, 마커 넘기기, 겉 1, *~*를 반복, 마커 넘기기, *이전 단에 바늘비우기 코늘림한 부분을 겉뜨기하면서 다음 마커까지 패턴에 맞춰 뜨기, m1R(겉), 마커 넘기기, 겉 1, m1L(겉)*, *~*를 1번 더 반복, 겉 1, 안 2, 편물 뒤집기.

4단: 더블스티치 만들기, 겉 1, 안 1, 겉 1, 안 1, 마커 넘기기, 겉 1, 안 1, 다음 마커 전 2코 남을 때까지 *겉 2, p2tog-tbl, 바늘비우기, 겉 2, 안 1*, *~*를 반복, 겉 1, 안 1, 마커 넘기기, 겉 1, 안 1, 시작 마커까지 *~*를 반복, 마커 넘기기, *이전 단에 바늘비우기 코늘림한 부분을 안뜨기하면서 다음 마커 전 1코가 남을 때까지 패턴에 맞춰 뜨기, m1R(안), 안 1, 마커 넘기기, m1L(안)*, *~*를 1번 더 반복, 안 1, 겉 2, 편물 뒤집기.

5단: 더블스티치 만들기, 안 1, 겉 1, 안 1, 마커 넘기기, 겉 1, 안 1, 다음 마커 전 2코 남을 때까지 *겉 1, 안 2, 바늘비우기, 1코 걸러뜨기, 겉 1, 걸러뜬 코로 덮어씌우기, 안 2* 반복, 겉 1, 안 1, 마커 넘기기, 겉 1, 안 1, 시작 마커까지 *겉 1, 안 2, 바늘비우기, 1코 걸러뜨기, 겉 1, 걸러뜬 코로 덮어씌우기, 안 2* 반복. 총 114[114, 114, 114, 114, 128, 128, 128]코.

실을 끊는다.

왼쪽 바늘의 16코를 오른쪽 바늘로 넘기기(뒤판에 해당), 마커를 오른쪽 바늘로 넘겨 단 시작을 표시한다. 실을 이 위치에 다시 연결하고 아래와 같이 원통으로 뜬다.

다음 단: 단 끝까지 *차트 A의 2단을 다음 마커까지 뜨기, 마커 넘기기* 반복.
차트 A의 3~28단 뜨기. 총 226[226, 226, 226, 226, 240, 240, 240]코.

XL, 2XL, 3XL 사이즈
차트 A의 1~28단 뜨기. 총 352코.

XXS, XS, S, M, L, 2XL, 3XL 사이즈
차트 A의 1~6[1~10, 1~14, 1~20, 1~26, 1~4, 1~8]단 뜨기.
총 250[266, 282, 306, 330, 368, 384]코.

모든 사이즈
몸통과 소매 분리하기
준비단: *소매에 해당하는 다음 59[63, 67, 73, 79, 81, 85, 89]코를 스티치 홀더나 자투리 실에
옮기기, 마커 제거, 오른쪽 바늘에 감아코로 4[7, 10, 11, 12, 10, 13, 16]코 만들기, 차트 B의
3[3, 3, 1, 3, 1, 1, 1]단을 3[1, 6, 3, 7, 6, 4, 2]번째 코부터 시작하여 뜨기*, *~*를 단 끝까지 반복.
이제 총 140[154, 168, 182, 196, 210, 224, 238]코.

몸통

1단: 차트 B의 와플 무늬 패턴을 단 끝까지 뜨되 감아코는 겉뜨기한다.
2단: 모든 코를 차트 B의 와플 무늬 패턴으로 뜬다.
어깨부터 편물 끝까지의 길이가 45[47, 49, 51, 55, 59, 61, 63]㎝가 될 때까지 차트 B의 패턴을
반복하고, 2단이나 4단에서 마무리한다.
다음 단: 차트 B의 패턴을 계속 뜨되 바늘비우기 코늘림은 하지 않는다.
총 120[132, 144, 156, 168, 180, 192, 204]코.

밑단 뜨기
XXS, XS, S, M, L 사이즈는 4.5㎜ 줄바늘로 바꾼다.

모든 사이즈
다음 단: 단 끝까지 *겉 1, 안 1* 반복.
고무단이 7㎝ 될 때까지 1코 고무뜨기를 원통으로 뜬다.
고무단 패턴에 맞춰 느슨하게 코막음.

소매(양쪽 동일)

스티치 홀더에 있는 59코를 5.5㎜ 장갑바늘로 옮기고 원통으로 연결하여 뜬다.
코가 꼬이지 않도록 주의하자.

준비단: 단 끝까지 *차트 B의 3[3, 3, 1, 3, 1, 1, 1]단을 3[1, 6, 3, 7, 6, 4, 2]번째 코부터 작업하기*
반복, 겨드랑이 감아코에서 4[7, 6, 8, 10, 10, 12, 18]코 줍기, 마커 걸기.
총 63[70, 73, 81, 89, 91, 97, 107]코.

XXS, XS, XL 사이즈
다음 단: 새로 주운 코까지 모든 코를 차트 B 패턴대로 뜨기. 총 63[70, 91]코.

S, M, L, 2XL, 3XL 사이즈
다음 단: 새로 주운 코는 모두 k2tog, 나머지는 차트 B 패턴대로 뜨기.
총 70[77, 84, 91, 98]코.

모든 사이즈
소매 길이가 38[39, 40, 39, 38, 38, 38]㎝가 될 때까지 차트 B 패턴에 따라 뜨고
2단이나 4단에서 마무리한다.

소매 고무단 줄임
3.5㎜ 장갑바늘로 바꾸고 바늘 4개에 코를 균등하게 정렬한다.

XXS 사이즈
다음 단(줄임단): 안 1, k2tog, p2tog, 2코 남을 때까지 *겉 1, p2tog, k2tog, p2tog* 반복, 겉 1,
다음 단 첫 코까지 p2tog. 총 36코.

XS 사이즈
다음 단(줄임단): 단 끝까지 *겉 1, p2tog, k2tog, p2tog* 반복. 총 40코.

S 사이즈
다음 단(줄임단): p2tog, 5코 남을 때까지 *겉 1, p2tog, k2tog, p2tog* 반복, 겉 1, p2tog, k2tog.
총 40코.

M 사이즈

다음 단(줄임단): 안 1, k2tog, p2tog, 2코 남을 때까지 *겉 1, p2tog, k2tog, p2tog* 반복, 겉 1,
마지막 코와 다음 단 첫 코를 p2tog. 총 44코.

L 사이즈

다음 단(줄임단): 안 1, 1코 남을 때까지 *겉 1, p2tog, k2tog, p2tog* 반복,
마지막 코와 다음 단 첫 코를 k2tog. 총 48코.

XL 사이즈

다음 단(줄임단): 안 1, 겉 1, 안 1, 4코 남을 때까지 *k2tog, p2tog* 반복, k2tog, 안 1, 겉 1.
총 48코.

2XL 사이즈

다음 단(줄임단): 안 1, 1코 남을 때까지 *k2tog, p2tog* 반복, 겉 1. 총 50코.

3XL 사이즈

다음 단(줄임단): p3tog, 2코 남을 때까지 *k2tog, p2tog* 반복, k2tog. 총 52코.

소매 고무단 뜨기

소매 고무단 길이가 6㎝가 될 때까지 1코 고무뜨기를 원통으로 뜬다.
고무단 패턴에 맞춰 느슨하게 코막음.

마무리

남아 있는 꼬리실을 정리하고 소매 겨드랑이에 구멍이 있다면 꿰맨다.
뒤집어서 부드럽게 스팀한다.

차트 A

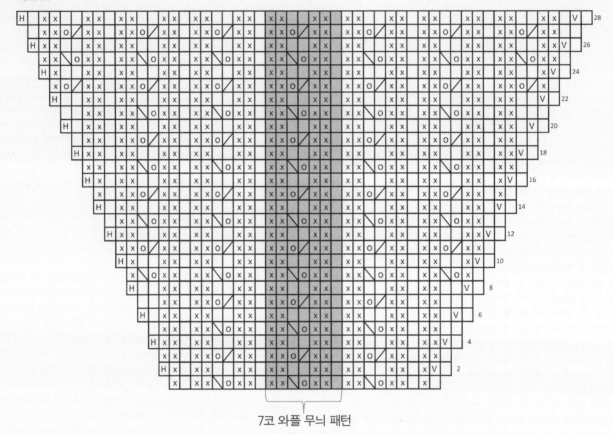

7코 와플 무늬 패턴

차트 B

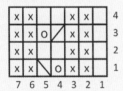

기호 읽는 법

☐ 겉면에서 겉뜨기, 안면에서 안뜨기

☒ 겉면에서 안뜨기, 안면에서 겉뜨기

O 바늘비우기

◹ 겉뜨기 모양으로 1코 걸러뜨기, 겉 1, 걸러뜬 코로 덮어씌우기

◿ 겉뜨기로 2코 모아뜨기

Ⅴ m1L(겉) 겉뜨기 모양으로 오른코 늘리기

H m1R(겉) 겉뜨기 모양으로 왼코 늘리기

116

Chrysler Top
크라이슬러 민소매 탑

—

뉴욕의 상징, 크라이슬러 빌딩에서 착안한 우아한 베스트 탑. 바텀업 원통으로 작업하며, 변형 꼬아 고무뜨기로 간단하면서도 세련된 멋을 자아냈다. 어깨끈은 와이드 아이코드로 만들고, 뒤판 테두리는 아이코드 코막음으로 마무리한다.

크라이슬러 민소매 탑

사이즈	XXS[XS, S, M, L, XL, 2XL, 3XL, 4XL]
신체 가슴둘레	70-75[76-83, 84-91, 92-99, 100-107, 108-116, 117-127, 128-139, 140-149]㎝
옷 가슴둘레	64[69, 74, 80, 85, 90, 98, 106, 114]㎝
옷	길이 29[30, 31, 33, 35, 37, 40, 43, 45]㎝
	참고: 옷이 완성되면 고무뜨기가 옆으로 늘어나기 때문에 기장이 더 짧아진다.
실	니팅 포 올리브 퓨어 실크(실크 100%, 50g당 250m)
수량	퓨어 실크(파우더) 2[2, 2, 3, 3, 3, 4, 4, 4]볼×50g
바늘	2.5㎜ 줄바늘, 3㎜ 장갑바늘과 줄바늘, 마커, 스티치 홀더, 돗바늘
게이지	30코 38단(3㎜ 바늘, 니팅 포 올리브 퓨어 실크 1가닥, 10×10㎝ 변형 꼬아 고무뜨기)
약어	**sl2(안)** 안뜨기 모양으로 2코 걸러뜨기
(269쪽 참고)	**변형 꼬아 고무뜨기: 1단(겉면)** 겉 꼬아뜨기 1, 안 1 반복, **2단(안면)** 겉 1, 안 1 반복
	sl2tog(겉) 겉뜨기 모양으로 2코 한번에 걸러뜨기
	m1R(겉) 겉뜨기 모양으로 오른코 늘리기
	m1L(겉) 겉뜨기 모양으로 왼코 늘리기
	m1R(안) 안뜨기 모양으로 오른코 늘리기
	m1L(안) 안뜨기 모양으로 왼코 늘리기
	p3tog-tbl 안뜨기로 3코 모아 꼬아뜨기

참고

새로운 실을 가져올 때는 쓰던 실과 새 실 끝부분을 안쪽 면에서 10㎝ 정도 겹쳐 함께 떠준다.

몸통

3mm 줄바늘을 사용해 실 1가닥으로 192[208, 224, 240, 256, 272, 296, 320, 344]코를 잡는다.
시작 마커를 걸고 코가 꼬이지 않도록 주의하면서 원통으로 연결하여 뜬다. 시작 마커를 건 곳이 앞판
중앙이 된다.
다음 단: 단 끝까지 *겉 1, 안 1* 반복, 마커 넘기기.

이제 아래와 같이 변형 꼬아 고무뜨기(겉뜨기 차례에서는 겉 꼬아뜨기와 겉뜨기를 매단 번갈아가며,
안뜨기는 안뜨기)로 원통으로 뜬다.
1단: 단 끝까지 *겉 꼬아뜨기 1, 안 1* 반복.
2단: 단 끝까지 *겉 1, 안 1* 반복.
편물이 27[28, 30, 32, 34, 36, 38, 40, 42]cm가 될 때까지 1~2단을 반복하여 2단에서 마무리한다.
참고: 편물의 신축성이 좋으므로 몸에 착용한 상태로 길이를 재는 것이 좋다.

앞판 중앙 코늘림
1단: 겉 1, 안 1, 단 끝까지 *겉 꼬아뜨기 1, 안 1* 반복, 마커 제거, 왼쪽 바늘에 있는 첫 코의 아래 코를
왼쪽 바늘로 건져 올려 겉 꼬아뜨기 1, 오른쪽 바늘에 마커 걸기.
2단: 1코 남을 때까지 *겉 1, 안 1* 반복. 겉 1.
3단: 겉 1, m1L(겉), 안 1, 1코 남을 때까지 *겉 꼬아뜨기 1, 안 1* 반복, m1R(겉), 겉 1.
4단: 겉 1, 2코 남을 때까지 *겉 1, 안 1* 반복, 겉 2.
5단: 겉 1, m1L(겉), 겉 1, 안 1, *겉 꼬아뜨기 1, 안 1*, *~*를 2코 남을 때까지 반복, 겉 1, m1R(겉), 겉 1.
총 197[213, 229, 245, 261, 277, 301, 325, 349]코.

앞판 분리
편물을 뒤집어서 평면으로 뜬다.
준비단(안면): 안 3, 다음 22[24, 26, 28, 30, 32, 34, 36, 38]코 패턴대로 고무뜨기, 마커 걸기,
다음 24[26, 28, 30, 32, 34, 36, 38, 40]코 패턴대로 고무뜨기, 겉 1, 마커 걸기, 안 1,
다음 96[104, 112, 120, 128, 136, 152, 168, 184]코 패턴대로 고무뜨기, 마커 걸기,
다음 22[24, 26, 28, 30, 32, 34, 36, 38]코 패턴대로 고무뜨기, 마커 걸기,
다음 26[28, 30, 32, 34, 36, 38, 40, 42]코 패턴대로 고무뜨기, 안 2,
편물 뒤집기, 마커 제거.

이제 편물이 아래와 같이 분리된다.
오른쪽 앞판: 50[54, 58, 62, 66, 70, 74, 78, 82]코.
뒤판: 97[105, 113, 121, 129, 137, 153, 169, 185]코.
왼쪽 앞판: 50[54, 58, 62, 66, 70, 74, 78, 82]코.
총 197[213, 229, 245, 261, 277, 301, 325, 349]코.

이제 각 단 모든 코를 변형 꼬아 고무뜨기(겉면의 겉뜨기 코는 겉 꼬아뜨기 1, 안뜨기 코는 안 1로,
안면의 코들은 코 패턴에 맞춰 일반 1코 고무뜨기)로 뜬다.
1단(겉면): 겉 3, 다음 마커 전 3코 남을 때까지 변형 꼬아 고무뜨기,
*sl2(안), 왼쪽 바늘로 오른쪽 바늘 첫 번째 코를 오른쪽에서 왼쪽으로 찔러 코가 꼬이도록 한 후
왼쪽 바늘로 다시 넘기기, 오른쪽 바늘의 첫 번째 코를 꼬지 않고 왼쪽 바늘로 다시 넘기기,
sl2tog(겉), 겉 1, 걸러뜬 2코로 덮어씌우기, 마커 제거, 패턴에 맞춰 1코 뜨기, 마커 걸기*,
다음 마커까지 변형 꼬아 고무뜨기 반복, 마커 넘기기, m1R(겉), 다음 마커까지 변형 꼬아 고무뜨기,
m1L(겉), 마커 넘기기, 다음 마커 전 3코 남을 때까지 변형 꼬아 고무뜨기,
*~*를 1번 더 반복, 3코 남을 때까지 변형 꼬아 고무뜨기, 겉 3.
2단: 안 3, 3코 남을 때까지 변형 꼬아 고무뜨기, 안 3.
3단: 겉 3, 다음 마커 전 3코 남을 때까지 변형 꼬아 고무뜨기,
*sl2(안), 왼쪽 바늘로 오른쪽 바늘 첫 번째 코를 오른쪽에서 왼쪽으로 찔러 코가 꼬이도록 한 후 왼쪽
바늘로 다시 넘기기, 오른쪽 바늘의 첫 번째 코를 꼬지 않고 왼쪽 바늘로 다시 넘기기,
sl2tog(겉), 겉 1, 걸러뜬 2코로 덮어씌우기, 마커 제거, 패턴에 맞춰 1코 뜨기, 마커 걸기*,
다음 마커까지 변형 꼬아 고무뜨기, 마커 넘기기, m1R(안), 다음 마커까지 변형 꼬아 고무뜨기,
m1L(안), 마커 넘기기, 다음 마커 전 3코 남을 때까지 변형 꼬아 고무뜨기,
*~*를 1번 더 반복, 3코 남을 때까지 변형 꼬아 고무뜨기, 겉 3.
4단: 안 3, 3코 남을 때까지 변형 꼬아 고무뜨기, 안 3.
1~4단을 1번 더 반복한다.

편물은 이제 아래와 같이 분리된다.
오른쪽 앞판: 42[46, 50, 54, 58, 62, 66, 70, 74]코.
뒤판: 105[113, 121, 129, 137, 145, 161, 177, 193]코.
왼쪽 앞판: 42[46, 50, 54, 58, 62, 66, 70, 74]코.
총 189[205, 221, 237, 253, 269, 293, 317, 341]코.

오른쪽 앞판

1단(겉면): 겉 3, 다음 마커 전 3코 남을 때까지 변형 꼬아 고무뜨기,
sl2(안), 왼쪽 바늘로 오른쪽 바늘 첫 번째 코를 오른쪽에서 왼쪽으로 찔러 코가 꼬이도록 한 후
왼쪽 바늘로 다시 넘기기, 오른쪽 바늘의 첫 번째 코를 꼬지 않고 왼쪽 바늘로 다시 넘기기,
sl2tog(겉), 겉 1, 걸러뜬 2코로 덮어씌우기, 마커 제거, 패턴에 맞춰 1코 뜨기, 마커 걸기,
다음 마커까지 변형 꼬아 고무뜨기, 마커 제거, 겉 3, 편물 뒤집기.
남은 코들을 스티치 홀더나 자투리 실에 옮긴다.
총 43[47, 51, 55, 59, 63, 67, 71, 75]코.

2단: 안 3, 3코 남을 때까지 변형 꼬아 고무뜨기, 안 3.

3단: 겉 3, 다음 마커 전 3코 남을 때까지 변형 꼬아 고무뜨기,
sl2(안), 왼쪽 바늘로 오른쪽 바늘 첫 번째 코를 오른쪽에서 왼쪽으로 찔러 코가 꼬이도록 한 후
왼쪽 바늘로 다시 넘기기, 오른쪽 바늘의 첫 번째 코를 꼬지 않고 왼쪽 바늘로 다시 넘기기,
sl2tog(겉), 겉 1, 걸러뜬 2코로 덮어씌우기, 마커 제거, 패턴에 맞춰 1코 뜨기, 마커 걸기,
단 끝까지 변형 꼬아 고무뜨기.

4단: 안 3, 3코 남을 때까지 변형 꼬아 고무뜨기. 안 3.

3~4단을 18[20, 22, 24, 26, 24, 22, 20, 18]번 더 반복.
총 7[7, 7, 7, 7, 15, 23, 31, 39]코.

XL, 2XL, 3XL, 4XL 사이즈

1단(겉면): 겉 3, 다음 마커 전 3코 남을 때까지 변형 꼬아 고무뜨기,
sl2(안), 왼쪽 바늘로 오른쪽 바늘 첫 번째 코를 오른쪽에서 왼쪽으로 찔러 코가 꼬이도록 한 후
왼쪽 바늘로 다시 넘기기, 오른쪽 바늘의 첫 번째 코를 꼬지 않고 왼쪽 바늘로 다시 넘기기,
sl2tog(겉), 겉 1, 걸러뜬 2코로 덮어씌우기, 마커 제거, 패턴에 맞춰 2코 뜨기, 마커 걸기,
단 끝까지 변형 꼬아 고무뜨기.

2단: 다음 마커까지 변형 꼬아 고무뜨기, 마커 넘기기, 겉 1, sl1(안), sl2tog(겉), 걸러뜬 3코를 다시
왼쪽 바늘로 넘기기, p3tog-tbl, 단 끝까지 변형 꼬아 고무뜨기.

1~2단을 1[3, 5, 7]번 더 반복.
총 7코.

오른쪽 어깨끈 뜨기

3mm 장갑바늘로 바꾸되, 4개 대신 2개만 쓴다.
메리야스 평면뜨기로 2단을 뜬다.

다음 단(겉면): 단 끝까지 겉뜨기 후 편물을 뒤집지 말고 모든 코를 오른쪽 바늘의 반대쪽 끝으로
민다. 마지막으로 작업한 코에 연결된 실을 뒤쪽으로 당겨와 그것으로 다시 첫 코를 뜬다.
어깨끈 길이가 24[25, 26, 27, 25, 27, 31, 35, 39]cm, 혹은 마음에 드는 길이가 될 때까지 마지막
단을 반복하여 아이코드를 뜬다.
참고: 코막음 하기 전에 옷을 착용하여 어깨끈 길이가 적당한지 확인한다.

메리야스뜨기로 2단을 뜬다.
겉뜨기 모양으로 코막음한다.

왼쪽 앞판

3mm 줄바늘에 45[49, 53, 57, 61, 65, 69, 73, 77]코를 옮기면서 왼쪽 앞판과 뒤판 사이에 있는
마커는 제거한다. 남은 코를 스티치 홀더나 자투리 실에 둔다.
앞판 중앙에 연결된 실을 끝으로 가져와 연결한다. 아래와 같이 겉면에서 평면뜨기한다.

1단(겉면): 겉 3, 다음 마커 전 3코가 남을 때까지 변형 꼬아 고무뜨기,
sl2(안), 왼쪽 바늘로 오른쪽 바늘 첫 번째 코를 오른쪽에서 왼쪽으로 찔러 코가 꼬이도록 한 후
왼쪽 바늘로 다시 넘기기, 오른쪽 바늘의 첫 번째 코를 꼬지 않고 왼쪽 바늘로 다시 넘기기,
sl2tog(겉), 겉 1, 걸러뜬 2코로 덮어씌우기, 마커 제거, 패턴에 맞춰 1코 뜨기, 마커 걸기,
단 끝까지 변형 꼬아 고무뜨기.
2단: 안 3, 3코 남을 때까지 변형 꼬아 고무뜨기, 안 3.

1~2단을 18[20, 22, 24, 26, 24, 22, 20, 18]번 더 반복.
총 7[7, 7, 7, 7, 15, 23, 31, 39]코.

XL, 2XL, 3XL, 4XL 사이즈

1단(겉면): 겉 3, 다음 마커 전 3코 남을 때까지 변형 꼬아 고무뜨기,
sl2(안), 왼쪽 바늘로 오른쪽 바늘 첫 번째 코를 오른쪽에서 왼쪽으로 찔러 코가 꼬이도록 한 후
왼쪽 바늘로 다시 넘기기, 오른쪽 바늘의 첫 번째 코를 꼬지 않고 왼쪽 바늘로 다시 넘기기,
sl2tog(겉), 겉 1, 걸러뜬 2코로 덮어씌우기, 마커 제거, 패턴에 맞춰 2코 뜨기, 마커 걸기,
단 끝까지 변형 꼬아 고무뜨기.

2단: 다음 마커까지 변형 꼬아 고무뜨기, 마커 넘기기, 겉 1, sl1(안), sl2tog(겉),
걸러뜬 3코를 왼쪽 바늘로 다시 옮기기, p3tog-tbl, 단 끝까지 변형 꼬아 고무뜨기.

1~2단을 1[3, 5, 7]번 더 반복.
총 7코.

왼쪽 어깨끈 뜨기
앞판 오른쪽 어깨끈과 똑같이 작업한다. 양쪽 어깨끈 길이가 같게 한다.

마무리

뒤판 아이코드 코막음하기
스티치 홀더에 있는 코를 2.5㎜ 줄바늘로 옮긴다.
총 99[107, 115, 123, 131, 139, 155, 171, 187]코.

다음 단(겉면): 오른쪽 바늘로 오른쪽 앞판 맨 아래 가장자리에서 2코를 줍는다.
이 2코를 왼쪽 바늘로 넘긴다, 겉 1, sl1(겉), 겉 1, 걸러뜬 코로 덮어씌우기,
뒤판 모든 코가 아이코드 코막음이 될 때까지 *~*를 반복, 2코가 오른쪽 바늘에 남는다.

남은 2코를 왼쪽 앞판 아래 가장자리에 돗바늘을 사용해 꿰맨다.
어깨끈 끝을 뒤판 안쪽에 단단히 꿰맨다.
남아 있는 꼬리실을 정리하고 부드럽게 스팀한다.

Olive's Vest

올리브 베스트

—

우아한 어깨 디테일이 특징인 깔끔한 민소매 베스트다. 경사뜨기로 목의 형
태를 잡고 전체는 탑다운 메리야스뜨기로 뜬다. 여유 있는 품으로 작업하며
목둘레와 진동둘레 끝부분, 몸통 밑단은 겹단 고무단으로 마무리한다.

올리브 베스트

사이즈	XXS[XS, S, M, L, XL]
신체 가슴둘레	76-83[84-91, 92-99, 100-107, 108-115, 116-125]㎝
옷 가슴둘레	90[94, 98, 104, 112, 120]㎝
길이	48[51, 54, 57, 59, 61]㎝
실	니팅 포 올리브 메리노(메리노 울 100%, 50g당 250m)
	니팅 포 올리브 소프트 실크 모헤어(실크 30%, 모헤어 70%, 25g당 225m)
수량	메리노(헤이즐넛) 2[3, 3, 3, 4, 4]볼×50g
	소프트 실크 모헤어(다크 무스) 3[3, 4, 4, 4, 5]볼×25g
바늘	3.5㎜ 줄바늘, 4.5㎜ 줄바늘, 마커, 스티치 홀더, 돗바늘
게이지	21코 29단(4.5㎜ 바늘, 니팅 포 올리브 메리노 1가닥과 소프트 실크 모헤어 1가닥, 10×10㎝ 메리야스뜨기)
약어	**m1L(겉)** 겉뜨기 모양으로 왼코 늘리기
(269쪽 참고)	**m1R(겉)** 겉뜨기 모양으로 오른코 늘리기
	m1R(안) 안뜨기 모양으로 오른코 늘리기
	m1L(안) 안뜨기 모양으로 왼코 늘리기

참고

메리노 1가닥과 소프트 실크 모헤어 1가닥을 함께 뜬다. 실이 쉽게 풀리도록 타래 중앙에서 가닥을 빼어 사용하자. 새로운 실을 가져올 때는 쓰던 실과 새 실 끝부분을 안쪽 면에서 10㎝ 정도 겹쳐 함께 떠준다. 요크를 뜨기 위해 코를 늘릴 때는 더 긴 줄바늘로 바꾼다.

넥밴드

3.5mm 줄바늘과 메리노 1가닥, 소프트 실크 모헤어 1가닥으로 96[96, 100, 100, 104, 104]코를 잡는다. 단 시작 부분에 마커를 걸고 코가 꼬이지 않도록 주의하며 원통으로 연결하여 뜬다.

1단: 겉 1, 안 2, 1코 남을 때까지 *겉 2, 안 2* 반복, 겉 1, 마커 넘기기.
편물이 8cm가 될 때까지 2코 고무뜨기한다.

겹목단 뜨기

코잡은 부분부터 고무단이 4cm가 되도록 편물 뒤쪽으로 접는다.
바늘에 있는 코와 시작코를 나란히 맞춘다.
아래와 같이 맞잡은 끝을 함께 뜬다.
*코잡은 단의 첫 번째 코를 주워 왼쪽 바늘의 첫 코와 함께 겉뜨기한다.
그 다음 코를 주워 왼쪽 바늘에 있는 다음 코와 함께 안뜨기한다.*,
*~*를 단 끝까지 반복한다.
그렇게 하면 모든 시작코가 바늘에 있는 코와 같은 무늬로 연결된다.

요크

4.5mm 줄바늘로 바꾼다.

마커 걸기

1단: 다음 15코를 패턴에 맞춰 뜨기, 마커 걸기,
다음 14[14, 16, 16, 18, 18]코를 패턴에 맞춰 뜨기, 마커 걸기,
다음 38코를 패턴에 맞춰 뜨기, 마커 걸기,
다음 14[14, 16, 16, 18, 18]코를 패턴에 맞춰 뜨기, 마커 걸기,
다음 15코를 패턴에 맞춰 뜨기, 마커 넘기기.

목 경사뜨기와 어깨 코늘림

참고: 목은 경사뜨기로 형태를 잡는다.
오른쪽 어깨 14[14, 16, 16, 18, 18]코 쪽에서 경사뜨기를 3번 한다.
왼쪽 어깨 14[14, 16, 16, 18, 18]코 쪽에서 경사뜨기를 3번 한다.
나머지 경사뜨기는 앞판에서 작업한다.

오른쪽 어깨 뜨기

1단: 첫 번째 마커 전 3코 남을 때까지 *겉 3, m1L(겉)* 반복, 겉 3, m1R(겉), 마커 넘기기, 다음 마커까지 겉뜨기, 마커 넘기기, m1L(겉), 겉 1, 편물 뒤집기.

2단: 더블스티치 만들기, 다음 마커까지 안뜨기, m1R(안), 마커 넘기기, 다음 마커까지 안뜨기, 마커 넘기기, m1L(안), 안 1, 편물 뒤집기.

3단: 더블스티치 만들기, 다음 마커까지 겉뜨기, m1R(겉), 마커 넘기기, 다음 마커까지 겉뜨기, 마커 넘기기, m1L(겉), 더블스티치 다음 첫 번째 코까지 겉뜨기. 편물 뒤집기.

왼쪽 어깨 뜨기

4단: 더블스티치 만들기, 다음 마커까지 안뜨기, m1R(안), 마커 넘기기, 다음 마커까지 안뜨기, 마커 넘기기, m1L(안), 다음 마커까지 안뜨기, 다음 마커 전 3코 남을 때까지 *안 3, m1R(안)* 반복, 안 3, m1R(안), 마커 넘기기, 다음 마커까지 안뜨기, 마커 넘기기, m1L(안), 안 1, 편물 뒤집기.

5단: 더블스티치 만들기, 다음 마커까지 겉뜨기, m1R(겉), 마커 넘기기, 다음 마커까지 겉뜨기, 마커 넘기기, m1L(안), 겉 1, 편물 뒤집기.

6단: 더블스티치 만들기, 다음 마커까지 안뜨기, m1R(안), 마커 넘기기, 다음 마커까지 안뜨기, 마커 넘기기, m1L(안), 더블스티치 다음 첫 번째 코까지 안뜨기, 편물 뒤집기.

앞판 형태 잡기

7단: 더블스티치 만들기, 다음 마커까지 겉뜨기, m1R(겉), 마커 넘기기, 다음 마커까지 겉뜨기, 마커 넘기기, m1L(겉), 시작 마커까지 겉뜨기, 다음 마커까지 겉뜨기, m1R(겉), 마커 넘기기, 다음 마커까지 겉뜨기, 마커 넘기기, m1L(겉), 이전 단에서 만든 더블스티치 다음 2코까지 겉뜨기, 편물 뒤집기.

8단: 더블스티치 만들기, 다음 마커까지 안뜨기, m1R(안), 마커 넘기기, 다음 마커까지 안뜨기, 마커 넘기기, m1L(안), 다음 마커까지 안뜨기, 마커 넘기기, 다음 마커까지 안뜨기, m1R(안), 마커 넘기기, 다음 마커까지 안뜨기, 마커 넘기기, m1L(안), 이전 단에서 만든 더블스티치 다음 2코까지 안뜨기, 편물 뒤집기.

7~8단을 4번 더 반복.

다음 단: 더블스티치 만들기, 다음 마커 전까지 겉뜨기, m1R(겉), 마커 넘기기, 다음 마커까지 겉뜨기, 마커 넘기기, m1L(겉), 시작 마커까지 겉뜨기.

총 160[160, 164, 164, 168, 168]코.

원통으로 아래와 같이 계속 뜬다.

1단(늘림단): *다음 마커까지 겉뜨기, m1R(겉), 마커 넘기기, 다음 마커까지 겉뜨기, 마커 넘기기, m1L(겉)*, *~*를 1번 더 반복, 단 끝까지 겉뜨기.

1단을 1[3, 5, 7, 9, 10]번 더 뜨기.
총 168[176, 188, 196, 208, 212]코.

실을 끊는다.
다음 마커까지의 코를 오른쪽 바늘로 넘기고 마커를 제거한다.

뒤판 뜨기

실을 뒤판 코에 다시 연결하고 아래와 같이 평면뜨기한다.
1단(안면): 겉 1, m1R(안), 마커 전 1코 남을 때까지 안뜨기, m1L(안), 겉 1, 마커 제거.

총 72[76, 80, 84, 88, 90]코.

모든 단의 시작 코와 끝 코를 겉뜨기로 뜨되, 뒤판 어깨부터 편물 끝까지의 길이가
15[16, 17, 18, 19, 19]㎝가 될 때까지 코늘림 없이 메리야스뜨기하고, 안면 단에서 마무리한다.

진동 늘림

1단: 겉 2, m1L(겉), 마지막 2코 남을 때까지 겉뜨기, m1R(겉), 겉 2.
2단: 겉 1, 1코 남을 때까지 안뜨기, 겉 1.

1~2단을 3[3, 3, 3, 4, 6]번 더 반복한다. 총 80[84, 88, 92, 98, 104]코.

뒤판 코를 스티치 홀더나 자투리 실에 옮기고 실을 끊는다.
오른쪽 어깨와 왼쪽 어깨의 14[14, 16, 16, 18, 18]코를 스티치 홀더나 자투리 실에 옮긴다.

앞판 뜨기

앞판 코에 실을 연결하고 안면 단에서 시작하여 뒤판과 똑같이 작업한다. 실을 끊지 않는다.

몸통

계속 원통으로 뜨면서 겨드랑이 감아코를 아래와 같이 잡는다.
다음 단: 앞판 코 모두 겉뜨기, 감아코 10[10, 10, 12, 14, 16]코 잡기,
뒤판 코 모두 겉뜨기, 감아코 10[10, 10, 12, 14, 16]코 잡기, 마커 걸기.

총 180[188, 196, 208, 224, 240]코.

어깨 가장 윗부분부터 몸통 끝까지의 길이가 38[41, 44, 47, 49, 51]㎝가 될 때까지
메리야스뜨기를 코늘림 없이 원통으로 작업한다.

밑단 뜨기

3.5㎜ 줄바늘로 바꾼다.

다음 단: 단 끝까지 겉뜨기.

다음 단: 단 끝까지 *겉 2, 안 2* 반복.

고무단 길이가 10㎝가 될 때까지 2코 고무뜨기를 원통으로 뜬다.
고무판 패턴에 맞춰 느슨하게 코막음.

진동둘레 고무단(양쪽 동일)

3.5㎜ 줄바늘에 어깨 14[14, 16, 16, 18, 18]코를 옮긴다.
소매 라인을 따라 70[74, 76, 80, 82, 82]코를 간격을 고르게 하여 줍고 마커를 건다.
총 84[88, 92, 96, 100, 100]코.

아래와 같이 원통으로 뜬다.

1단: 단 끝까지 *겉 2, 안 2* 반복, 마커 넘기기.
2코 고무뜨기를 10[10, 10, 11, 11, 11]단 더 반복.

고무단 패턴에 맞춰 느슨하게 코막음.
고무단을 편물 안쪽으로 접어 시작코와 함께 느슨하게 감친다.

마무리

남아 있는 꼬리실을 정리하고 부드럽게 스팀한다.

Charles Grey Cardigan

찰스 그레이 카디건

—

시대를 초월한 클래식함과 편안함을 두루 갖춘 이 카디건의 이름은 만인이 사랑하는 홍차 얼그레이에 자신의 이름을 붙였다는 찰스 그레이 백작에게서 따왔다. 탑다운 평면뜨기로 작업하며 버튼 밴드와 밑단은 고무뜨기로 마무리한다. 소매는 진동둘레에서 코를 주워 경사뜨기로 형태를 잡은 후 원통으로 뜨고 역시 고무단으로 마무리한다. 벨트는 길게 떠서 허리나 가슴 아래에서 묶어도 되고 벨트 없이 그냥 입어도 편안해 보인다.

찰스 그레이 카디건

사이즈	XXS[XS, S, M, L, XL]
신체 가슴둘레	70-83[84-99, 100-110, 111-120, 121-129, 130-140]㎝
옷 가슴둘레	103[109, 115, 122, 128, 138]㎝
길이	82[85, 88, 91, 94, 94]㎝
소매 길이	44[44, 44, 44, 44, 44]㎝
실	니팅 포 올리브 헤비 메리노(메리노 울 100%, 50g당 125m)
	니팅 포 올리브 소프트 실크 모헤어(실크 30%, 모헤어 70%, 25g당 225m)
수량	헤비 메리노(더스티 퍼트롤리엄 블루) 8[9, 10, 11, 11, 12]볼×50g,
	소프트 실크 모헤어(더스티 퍼트롤리엄 블루) 9[10, 11, 12, 12, 12]볼×25g
바늘	6㎜ 장갑바늘과 줄바늘, 7㎜ 장갑바늘과 줄바늘, 마커, 스티치 홀더, 돗바늘
게이지	13코 21단(7㎜ 바늘, 니팅 포 올리브 헤비 메리노 1가닥과
	소프트 실크 모헤어 2가닥, 10×10㎝ 메리야스뜨기)
약어	**k2tog** 겉뜨기로 2코 모아뜨기
(269쪽 참고)	**m1L(겉)** 겉뜨기 모양으로 왼코 늘리기
	sl1(겉) 겉뜨기 모양으로 1코 걸러뜨기
	m1R(겉) 겉뜨기 모양으로 오른코 늘리기
	p2tog-tbl 안뜨기로 2코 모아 꼬아뜨기
	p2tog 안뜨기로 2코 모아뜨기
기법	이탈리아식 코막음(268쪽 참고)

참고

헤비 메리노 1가닥과 소프트 실크 모헤어 2가닥을 함께 뜬다. 실이 쉽게 풀리도록 타래 중앙에서 가닥을 빼어 사용하자. 새로운 실을 가져올 때는 쓰던 실과 새 실 끝부분을 안쪽 면에서 10㎝ 정도 겹쳐 함께 떠준다.

넥밴드(왼쪽)

7㎜ 줄바늘을 사용해 헤비 메리노 1가닥과 소프트 실크 모헤어 2가닥으로 9코를 잡는다.

1단(안면): 1코 남을 때까지 *겉 1, 안 1* 반복, 안 1.

2단: 겉 1, 단 끝까지 *겉 1, 안 1* 반복.

경사뜨기

1단(안면): 겉 1, 안 1, 겉 1, 편물 뒤집기.

2단: 더블스티치 만들기, 겉 1, 안 1.

3단: 더블스티치 전까지 패턴에 맞춰 뜨기, 더블스티치 겉뜨기, 안 1, 겉 1, 편물 뒤집기.

4단: 더블스티치 만들기, 단 끝까지 패턴에 맞춰 뜨기.

3~4단을 1번 더 반복.

다음 단: 더블스티치 전까지 패턴에 맞춰 뜨기, 더블스티치 겉뜨기, 안 2.

패턴에 맞춰 7단을 더 떠서 겉면에서 마치기.

왼쪽 어깨

오른쪽 바늘에 있는 마지막 코 다음에 새로 25[27, 29, 31, 33, 35]코를 잡는다.

총 34[36, 38, 40, 42, 44]코.

다음 단(안면): 안 25[27, 29, 31, 33, 35]코, 마커 걸기,

단 끝까지 패턴에 맞춰 뜨기.

경사뜨기

1단(겉면): 패턴에 맞춰 9코 뜨기, 마커 넘기기, 겉 1, k2tog, 단 끝까지 겉뜨기.

2단: 단 끝까지 패턴에 맞춰 뜨기.

1~2단을 2번 더 반복.

총 31[33, 35, 37, 39, 41]코.

어깨 뜨기

1단: 다음 마커 전까지 패턴에 맞춰 뜨기, 마커 넘기기, 겉 8, 편물 뒤집기.

2단: 더블스티치 만들기, 단 끝까지 패턴에 맞춰 뜨기.

3단: 다음 마커 전까지 패턴에 맞춰 뜨기, 마커 넘기기, 겉 16, 편물 뒤집기.

4단: 더블스티치 만들기, 단 끝까지 패턴에 맞춰 뜨기.

다음 4[6, 6, 8, 8, 8]단은 패턴에 맞춰 뜨되 첫 번째 단의 더블스티치는 겉뜨기.

왼쪽 앞판

브이넥 코늘림

1단: 10코를 패턴에 맞춰 뜨기, m1L(겉), 단 끝까지 겉뜨기.

2~4단: 단 끝까지 패턴에 맞춰 뜨기.

1~4단을 7번 더 반복.

총 39[41, 43, 45, 47, 49]코.

실을 끊지 않고 스티치 홀더나 자투리 실에 옮긴다.

넥밴드(오른쪽)

겉면에서 시작한다. 왼쪽 넥밴드 코잡은 부분에서 새 실을 연결하여 9코를 줍는다.

1단(안면): 안 2, 1코 남을 때까지 *겉1, 안1* 반복, 겉 1.

경사뜨기로 목둘레 형태 잡기

1단: 안 1, 겉 1, 안 1, 편물 뒤집기.

2단: 더블스티치 만들기, 안 1, 겉 1.

3단: 더블스티치 전까지 패턴에 맞춰 뜨기, 더블스티치 안뜨기, 겉 1, 안 1, 편물 뒤집기.

4단: 더블스티치 만들기, 단 끝까지 패턴에 맞춰 뜨기.

3~4단을 1번 더 반복.

다음 단: 더블스티치 전까지 패턴에 맞춰 뜨기, 더블스티치 안뜨기, 겉 2.

패턴에 맞춰 7단을 더 떠서 안면에서 마치기.

오른쪽 어깨

오른쪽 바늘에 있는 마지막 코 다음에 새로 25[27, 29, 31, 33, 35]코 잡기.

총 34[36, 38, 40, 42, 44]코.

다음 단: 겉 25[27, 29, 31, 33, 35]코, 마커 걸기, 단 끝까지 패턴에 맞춰 뜨기.

다음 단: 단 끝까지 패턴에 맞춰 뜨기.

코줄임

1단(겉면): 마커 전 3코 남을 때까지 패턴에 맞춰 뜨기, sl1(겉), 겉 1, 걸러 뜬 코로 덮어씌우기, 겉 1, 마커 넘기기, 나머지 코를 단 끝까지 패턴에 맞춰 뜨기.

2단: 단 끝까지 패턴에 맞춰 뜨기.

1~2단을 2번 더 반복.

총 31[33, 35, 37, 39, 41]코.

다음 단: 단 끝까지 패턴에 맞춰 뜨기.

어깨 경사뜨기

1단: 다음 마커 전까지 패턴에 맞춰 뜨기, 마커 넘기기, 안 8, 편물 뒤집기.

2단: 더블스티치 만들기, 단 끝까지 패턴에 맞춰 뜨기.

3단: 다음 마커 전까지 패턴에 맞춰 뜨기, 마커 넘기기, 안 16, 편물 뒤집기.

4단: 더블스티치 만들기, 단 끝까지 패턴에 맞춰 뜨기.

패턴에 맞춰 3[5, 5, 7, 7, 7]단 더 뜨면서, 첫째 단에서 만든 더블스티치는 안뜨기.

오른쪽 앞판

브이넥 코늘림

1단: 마커 전 1코 남을 때까지 패턴에 맞춰 뜨기, m1R(겉), 겉 1, 마커 넘기기, 단 끝까지 패턴에 맞춰 뜨기.

2~4단: 단 끝까지 패턴에 맞춰 뜨기.

1~4단을 7번 더 반복.

총 39[41, 43, 45, 47, 49]코.

실을 끊고 스티치 홀더나 자투리 실에 코를 쉬게 둔다.

뒤판

코잡은 단에서 코줍기

참고: 이전 단 각 코 사이 V자에서 1코씩 줍는다.

다음 단: 왼쪽 앞판에서 25[27, 29, 31, 33, 35]코, 목 부분에서 17코, 오른쪽 앞판에서 25[27, 29, 31, 33, 35]코를 줍는다.

총 67[71, 75, 79, 83, 87]코.

다음 단: 끝까지 안뜨기.

목 경사뜨기

1단: 겉 27[29, 31, 33, 35, 37], 편물 뒤집기.

2단: 더블스티치 만들기, 단 끝까지 안뜨기.

3단: 겉 29[31, 33, 35, 37, 39], 편물 뒤집기.

4단: 더블스티치 만들기, 단 끝까지 안뜨기.

5단: 겉 31[33, 35, 37, 39, 41], 편물 뒤집기.

6단: 더블스티치 만들기, 단 끝까지 안뜨기.

7단: 단 끝까지 겉뜨기.

8단: 안 27[29, 31, 33, 35, 37], 편물 뒤집기.

9단: 더블스티치 만들기, 단 끝까지 겉뜨기.

10단: 안 29[31, 33, 35, 37, 39], 편물 뒤집기.

11단: 더블스티치 만들기, 단 끝까지 겉뜨기.

12단: 안 31[33, 35, 37, 39, 41], 편물 뒤집기.

13단: 더블스티치 만들기, 단 끝까지 겉뜨기.

진동둘레 시작코부터 잰 뒤판 편물 길이가 약 18[19, 19, 20, 20, 20]㎝가 될 때까지
모든 뒤판 코를 메리야스뜨기하여 안면 단에서 마친다.

몸통

앞판 양쪽과 뒤판을 아래와 같이 연결한다.
실이 연결된 왼쪽 앞판에서 시작하여 마커 전까지 패턴에 맞춰 뜨기, 마커 넘기기, 겉 1, m1L(겉),
단 끝까지 겉뜨기.
감아코로 2[4, 6, 8, 10, 12]코를 만든다.

뒤판을 단 끝까지 겉뜨기한 후 감아코로 2[4, 6, 8, 10, 12]코를 만든다.
오른쪽 앞판을 마커 전 1코 남을 때까지 패턴에 맞춰 뜨고
m1R(겉), 겉 1, 마커 넘기기, 단 끝까지 패턴에 맞춰 뜨기.

총 151[163, 175, 187, 199, 211]코.

소매 진동 윗 부분부터 잰 편물 길이가 74[77, 80, 83, 86, 86]㎝가 될 때까지
패턴에 맞춰 계속 뜨고 겉면에서 마친다.

밑단 뜨기

6㎜ 줄바늘로 바꾼다.

다음 단: 단 끝까지 패턴에 맞춰 뜨기.

다음 단: 겉 1, 2코 남을 때까지 *겉 1, 안 1* 반복, 겉 2.

다음 단: 단 끝까지 패턴에 맞춰 뜨기.

밑단 길이가 8㎝가 될 때까지 1~2단을 반복하고 겉면에서 마친다.

다음 단: sl1(겉) 2번, 왼쪽 바늘로 2코 꼬아 되돌리기, p2tog-tbl, 2코 남을 때까지 패턴에 맞춰 뜨기, p2tog.

패턴에 맞춰 느슨하게 코막음하거나 이탈리아식 코막음 기법을 사용한다.

소매(양쪽 동일)

소매 코줍기

헤비 메리노 1가닥과 소프트 실크 모헤어 2가닥으로 7㎜ 장갑바늘이나 줄바늘을 사용해 겨드랑이 감아코 중앙부터 코를 줍는다. 감아코 중심부터 왼쪽으로
1[2, 3, 4, 5, 6]코, 어깨 꼭대기로 올라가며 26[27, 27, 28, 29, 29]코,
겨드랑이까지 내려가며 26[27, 27, 28, 29, 29]코,
겨드랑이 감아코에서 나머지 1[2, 3, 4, 5, 6]코를 줍는다. 시작 마커를 건다.
총 54[58, 60, 64, 68, 70]코.

다음 단: 단 끝까지 겉뜨기.

소매 경사뜨기

1단: 6코 남을 때까지 겉뜨기, 편물 뒤집기.

2단: 더블스티치 만들기, 6코 남을 때까지 안뜨기, 편물 뒤집기.

3단: 더블스티치 만들기, 3코 남을 때까지 겉뜨기, 편물 뒤집기.

4단: 더블스티치 만들기, 3코 남을 때까지 안뜨기, 편물 뒤집기.

5단: 더블스티치 만들기, 단 끝까지 겉뜨기.

원통으로 뜬다.

다음 단: 단 끝까지 겉뜨기를 2단 반복.

다음 단(줄임단): 겉 1, k2tog, 3코 남을 때까지 겉뜨기, sl1(겉), 겉 1, 걸러뜬 코로 덮어씌우기, 겉 1.
44[44, 46, 48, 50, 52]코가 남을 때까지 원통으로 뜨며 7단마다 줄임단을 뜬다.

소매 길이가 36㎝ 될 때까지, 혹은 선호하는 길이보다 8㎝ 짧을 때까지 코줄임 없이 원통으로 뜬다.

소매 고무단 뜨기
6㎜ 장갑바늘로 바꾼다.

XXS, XS, S 사이즈
다음 단(줄임단): 4[4, 6]코 남을 때까지 *겉 3, k2tog* 반복, 단 끝까지 겉뜨기.
총 36[36, 38]코.

M, L, XL 사이즈
다음 단(줄임단): 0[2, 4]코 남을 때까지 *겉 4, k2tog* 반복, 단 끝까지 겉뜨기.
총 40[42, 44]코.

모든 사이즈
다음 단: 단 끝까지 *겉 1, 안 1* 반복.
소매 고무단 길이가 8㎝가 될 때까지 1코 고무뜨기를 원통으로 뜬다.
고무단 패턴에 맞춰 느슨하게 코막음하거나 이탈리아식 코막음 기법을 사용한다.

벨트

헤비 메리노 1가닥과 소프트 실크 모헤어 2가닥으로 6㎜ 장갑바늘을 이용해 11코를 잡는다.
1단: 안 2, 3코 남을 때까지 *겉 1, 안 1* 반복, 겉 1, 안 2.
2단: 단 끝까지 코 패턴에 맞춰 뜨기.
벨트 길이가 140[150, 160, 170, 180, 190]㎝가 될 때까지 1~2단을 반복하고 2단에서 마친다.

패턴에 맞춰 느슨하게 코막음한다.

마무리

남아 있는 꼬리실을 정리하고 소매 겨드랑이에 구멍이 있다면 꿰맨다.
뒤집어서 부드럽게 스팀한다.

Fennel Sweater

페널 스웨터

—

전체를 고무뜨기로 작업하는 페널 스웨터는 여유 있는 품에 깊은 브이넥이 특징이다. 탑다운으로 뜨며 뒷목에서부터 넥밴드를 함께 뜨면서 깊은 브이넥을 만든다. 평면뜨기로 뜨다가 브이넥의 가운데를 합치고 원통으로 바꿔 몸통을 뜬다. 소매 또한 4코 고무뜨기로 원통뜨기하며 아이코드 코막음으로 마무리한다.

페널 스웨터

사이즈	XS[S, M, L]
신체 가슴둘레	76-91[92-108, 109-127, 128-145]㎝
옷 가슴둘레	120[130, 140, 150]㎝
길이	53[57, 61, 65]㎝
소매 길이	43[43, 42, 42]㎝
실	니팅 포 올리브 헤비 메리노(메리노 울 100%, 50g당 125m)
	니팅 포 올리브 소프트 실크 모헤어(실크 30%, 모헤어 70%, 25g당 225m)
수량	헤비 메리노(페널 시드) 8[9, 9, 10]볼×50g,
	소프트 실크 모헤어(페널 시드) 4[5, 5, 6]볼×25g
바늘	4mm 줄바늘, 4.5mm 장갑바늘, 5mm 장갑바늘과 줄바늘, 마커, 스티치 홀더, 돗바늘
게이지	16코 23단(5mm 바늘, 니팅 포 올리브 헤비 메리노 1가닥과
	소프트 실크 모헤어 1가닥, 10×10㎝ 4코 고무뜨기)

약어
(269쪽 참고)

m1L(겉) 겉뜨기 모양으로 왼코 늘리기

m1L(안) 안뜨기 모양으로 왼코 늘리기

m1R(겉) 겉뜨기 모양으로 오른코 늘리기

m1R(안) 안뜨기 모양으로 오른코 늘리기

sl1(겉) 겉뜨기 모양으로 1코 걸러뜨기

p2tog 안뜨기로 2코 모아뜨기

kfb 겉뜨기 코늘리기

참고

헤비 메리노 1가닥과 소프트 실크 모헤어 1가닥을 함께 뜬다. 실이 쉽게 풀리도록 타래 중앙에서 가닥을 빼어 사용하자. 새로운 실을 가져올 때는 쓰던 실과 새 실 끝부분을 안쪽 면에서 10㎝ 정도 겹쳐 함께 떠준다.

넥밴드(왼쪽)

5mm 장갑바늘이나 줄바늘을 사용해 헤비 메리노 1가닥과 소프트 실크 모헤어 1가닥으로 16코를 잡고 아래와 같이 평면뜨기한다.

1단(안면): 안 3, 1코 남을 때까지 *겉2, 안2* 반복, 안 1.
패턴에 맞춰 5단을 더 뜬다.

목 경사뜨기

1단(안면): 안 3, 편물 뒤집기.
2단: 더블스티치 만들기, 단 끝까지 패턴에 맞춰 뜨기.
3단: 더블스티치 전까지 패턴에 맞춰 뜨기, 더블스티치 안뜨기, 겉 2, 안 2, 편물 뒤집기.
4단: 더블스티치 만들기, 단 끝까지 패턴에 맞춰 뜨기.
3~4단을 2번 더 반복한다.
다음 단: 더블스티치 전까지 패턴에 맞춰 뜨기, 더블스티치 안뜨기, 안 1.
패턴에 맞춰 7단 더 뜬다.

1단(안면): 안 3, 편물 뒤집기.
2단: 더블스티치 만들기, 단 끝까지 패턴에 맞춰 뜨기.
3단: 더블스티치 전까지 패턴에 맞춰 뜨기, 더블스티치 안뜨기, 겉 2, 안 2, 편물 뒤집기.
4단: 더블스티치 만들기, 단 끝까지 패턴에 맞춰 뜨기.
3~4단을 2번 더 반복한다.

다음 단: 더블스티치 전까지 패턴에 맞춰 뜨기, 더블스티치 안뜨기, 안 1.
패턴에 맞춰 3단 더 떠서 겉면 단에서 마친다.

왼쪽 어깨

오른쪽 바늘에 있는 마지막 코 다음에 16[16, 24, 24]코를 더 잡는다.
총 32[32, 40, 40]코.
다음 단(안면): 겉 1, *안 4, 겉 4*, *~*를 2[2, 3, 3]번 더 반복, 마커 걸기,
나머지 코를 단 끝까지 패턴에 맞춰 뜨기.

목 경사뜨기

1단(겉면): 마커 전까지 패턴에 맞춰 뜨기, 마커 넘기기,
다음 7[7, 10, 10]코를 패턴에 맞춰 뜨기, 편물 뒤집기.
2단: 더블스티치 만들기, 단 끝까지 패턴에 맞춰 뜨기.

3단: 마커 전까지 패턴에 맞춰 뜨기, 마커 넘기기,
다음 14[14, 20, 20]코를 패턴에 맞춰 뜨기, 편물 뒤집기.
4단: 더블스티치 만들기, 단 끝까지 패턴에 맞춰 뜨기.
패턴에 맞춰 0[0, 4, 4]단 더 떠서 안면 단에서 마친다.

왼쪽 앞판

브이넥 코늘림
1단: 다음 마커 전까지 패턴에 맞춰 뜨기, 마커 넘기기, m1L(겉), 단 끝까지 패턴에 맞춰 뜨기.
2~4단: 단 끝까지 패턴에 맞춰 뜨기.
1~4단을 3번 더 반복.
총 36[36, 44, 44]코.

5단: 다음 마커 전까지 패턴에 맞춰 뜨기, 마커 넘기기, m1L(안), 단 끝까지 패턴에 맞춰 뜨기.
6~8단: 단 끝까지 패턴에 맞춰 뜨기.

5~8단을 3번 더 반복. 총 40[40, 48, 48]코.
1~4단을 3번 더 반복. 총 43[43, 51, 51]코.

브이넥과 소매 진동 늘림
1단: 다음 마커 전까지 패턴에 맞춰 뜨기, 마커 넘기기, m1L(겉), 1코 남을 때까지 패턴에 맞춰 뜨기,
m1L(안), 겉 1.
2단: 단 끝까지 패턴에 맞춰 뜨기.
3단: 1코 남을 때까지 패턴에 맞춰 뜨기, m1L(안), 겉 1.
4단: 단 끝까지 패턴에 맞춰 뜨기.
5단: 다음 마커 전까지 패턴에 맞춰 뜨기, 마커 넘기기, m1L(안), 1코 남을 때까지 패턴에 맞춰 뜨기,
m1L(안), 겉 1.
6단: 단 끝까지 패턴에 맞춰 뜨기.
7단: 1코 남을 때까지 패턴에 맞춰 뜨기, m1L(안), 겉 1.
8단: 단 끝까지 패턴에 맞춰 뜨기.
총 49[49, 57, 57]코.

실을 끊는다. 스티치 홀더나 자투리 실에 코와 마커를 옮겨 쉬게 둔다.

넥밴드(오른쪽)

겉면에서 시작한다.

준비단: 왼쪽 넥밴드 코 잡은 부분에서 새 실을 연결하여 16코를 줍는다.

1단(안면): 안 3, 1코 남을 때까지 *겉2, 안2* 반복, 안 1.

패턴에 맞춰 4단을 더 뜬다.

목 경사뜨기

1단(겉면): 겉 3, 편물 뒤집기.

2단: 더블스티치 만들기, 단 끝까지 패턴에 맞춰 뜨기.

3단: 더블스티치 전까지 패턴에 맞춰 뜨기, 더블스티치 겉뜨기, 안 2, 겉 2, 편물 뒤집기.

4단: 더블스티치 만들기, 단 끝까지 패턴에 맞춰 뜨기.

3~4단을 2번 더 반복.

다음 단: 더블스티치 전까지 패턴에 맞춰 뜨기, 더블스티치 겉뜨기, 겉 1.

패턴에 맞춰 7단을 더 뜬다.

1단(겉면): 겉 3, 편물 뒤집기.

2단: 더블스티치 만들기, 단 끝까지 패턴에 맞춰 뜨기.

3단: 더블스티치 전까지 패턴에 맞춰 뜨기, 더블스티치 겉뜨기, 안 2, 겉 2, 편물 뒤집기.

4단: 더블스티치 만들기, 단 끝까지 패턴에 맞춰 뜨기.

3~4단을 2번 더 반복한다.

다음 단: 더블스티치 전까지 패턴에 맞춰 뜨기, 더블스티치 겉뜨기, 겉 1.

패턴에 맞춰 3단 더 떠서 안면 단에서 마친다.

오른쪽 어깨

오른쪽 바늘에 있는 마지막 코 다음에 16[16, 24, 24]코를 잡는다.

총 32[32, 40, 40]코.

다음 단(겉면): 겉 1, *겉4, 안4*, *~*를 2[2, 3, 3]번 반복, 마커 걸기, 나머지 코를 단 끝까지 패턴에 맞춰 뜨기.

목 경사뜨기

1단(안면): 마커 전까지 패턴에 맞춰 뜨기, 마커 넘기기, 다음 7[7, 10, 10]코를 패턴에 맞춰 뜨기, 편물 뒤집기.

2단: 더블스티치 만들기, 단 끝까지 패턴에 맞춰 뜨기.

3단: 마커 전까지 패턴에 맞춰 뜨기, 마커 넘기기, 다음 14[14, 20, 20]코를 패턴에 맞춰 뜨기, 편물 뒤집기.

4단: 더블스티치 만들기, 단 끝까지 패턴에 맞춰 뜨기.

패턴에 맞춰 1[1, 5, 5]단 더 떠서 안면에서 마치기.

오른쪽 앞판

브이넥 코늘림

1단: 다음 마커 전까지 패턴에 맞춰 뜨기, m1R(겉), 마커 넘기기, 단 끝까지 패턴에 맞춰 뜨기.

2~4단: 단 끝까지 패턴에 맞춰 뜨기.

1~4단을 3번 더 반복.

총 36[36, 44, 44]코.

5단: 다음 마커 전까지 패턴에 맞춰 뜨기, m1R(안), 마커 넘기기,

단 끝까지 패턴에 맞춰 뜨기.

6~8단: 단 끝까지 패턴에 맞춰 뜨기.

5~8단을 3번 더 반복. 총 40[40, 48, 48]코.

1~4단을 3번 더 반복. 총 43[43, 51, 51]코.

브이넥과 소매 진동 늘림

1단: 겉 1, m1R(안), 다음 마커 전까지 패턴에 맞춰 뜨기, m1R(겉), 마커 넘기기, 단 끝까지 패턴에 맞춰 뜨기.

2단: 단 끝까지 패턴에 맞춰 뜨기.

3단: 겉 1, m1R(안), 단 끝까지 패턴에 맞춰 뜨기.

4단: 단 끝까지 패턴에 맞춰 뜨기.

5단: 겉 1, m1R(안), 다음 마커 전까지 패턴에 맞춰 뜨기, m1R(안) 마커 넘기기, 단 끝까지 패턴에 맞춰 뜨기.

6단: 단 끝까지 패턴에 맞춰 뜨기.

7단: 겉 1, m1R(안), 단 끝까지 패턴에 맞춰 뜨기.

8단: 단 끝까지 패턴에 맞춰 뜨기.

총 49[49, 57, 57]코.

실을 끊고 스티치 홀더나 자투리 실에 코와 마커를 옮겨 쉬게 둔다.

뒤판

어깨와 뒷목 따라 코줍기

겉면을 보고 왼쪽 어깨 코잡은 단에서 17[17, 25, 25]코 줍기, 왼쪽 어깨에서 뒤판 중앙까지 26코 줍기, 뒤판 중앙에서 오른쪽 어깨까지 26코 줍기, 오른쪽 어깨 코잡은 단에서 17[17, 25, 25]코 줍기.

총 86[86, 102, 102]코.

다음 단(안면): 안 5, 1코 남을 때까지 *겉 4, 안 4* 반복, 안 1.

어깨 경사뜨기

1단(겉면): 20[20, 28, 28]코를 패턴에 맞춰 뜨기, 편물 뒤집기.

2단: 더블스티치 만들기, 10[10, 13, 13]코를 패턴에 맞춰 뜨기, 편물 뒤집기.

3단: 더블스티치 만들기, 13[13, 16, 16]코를 패턴에 맞춰 뜨기, 편물 뒤집기.

4단: 더블스티치 만들기, 21[21, 27, 27]코를 패턴에 맞춰 뜨기, 편물 뒤집기.

5단: 더블스티치 만들기, 이전 단에서 만든 더블스티치 다음 3코까지 패턴에 맞춰 뜨기, 편물 뒤집기.

6단: 단 끝까지 패턴에 맞춰 뜨기.

5~6단을 3번 더 반복하고 나서 패턴에 맞춰 1단 더 뜨기.

1~6단을 1번 더 반복. 5~6단을 3번 더 반복.

진동 뜨기

시작코 부분에서 진동까지의 길이가 20[20, 22, 22]㎝가 될 때까지 콧수 변동 없이 패턴에 맞춰 평면뜨기해서 안면에서 마친다.

진동 늘림

1단: 겉 1, m1R(안), 1코 남을 때까지 겉뜨기, m1L(안), 겉 1.
2단: 단 끝까지 패턴에 맞춰 뜨기.

1~2단을 3번 더 반복. 총 94[94, 110, 110]코.

실을 끊는다.

몸통

앞, 뒤판 연결

겉면을 보고 왼쪽 앞판의 코를 뒤판 코 오른쪽으로 옮기고,
오른쪽 앞판 코를 뒤판 코 왼쪽으로 옮긴다.
총 192[192, 224, 224]코.

왼쪽 앞판 첫 번째 코를 뜨며 실을 연결한다.

1단: 마커 전까지 왼쪽 앞판 코를 패턴에 맞춰 뜨기, 마커 넘기기, m1L(안), 왼쪽 앞판 나머지 코를
패턴에 맞춰 뜨기, 감아코 2[10, 2, 10]코 만들기, 뒤판 코를 패턴에 맞춰 뜨기, 감아코
2[10, 2, 10]코 만들기, 마커 전까지 오른쪽 앞판 코를 패턴에 맞춰 뜨기, m1R(안), 마커 넘기기,
단 끝까지 오른쪽 앞판의 나머지 코를 패턴에 맞춰 뜨기.
총 198[214, 230, 246]코.

2단: 단 끝까지 패턴에 맞춰 뜨되, XS, M 사이즈의 경우 새로 잡은 코는 겉 2로, S, L 사이즈의
경우 새로 잡은 코는 겉 3, 안 4, 겉 3으로 뜬다.
3~4단: 단 끝까지 패턴에 맞춰 뜨기.
5단: 마커 전까지 패턴에 맞춰 뜨기, 마커 넘기기, m1L(안), 마커 전까지 패턴에 맞춰 뜨기, m1R(안),
마커 넘기기, 단 끝까지 패턴에 맞춰 뜨기.
6~8단: 단 끝까지 패턴에 맞춰 뜨기.
5~8단을 1번 더 반복.
총 202[218, 234, 250]코.

9단: 마커 전까지 패턴에 맞춰 뜨기, 마커 넘기기, m1L(겉), 마커 전까지 패턴에 맞춰 뜨기, m1R(겉), 마커 넘기기, 단 끝까지 패턴에 맞춰 뜨기.

10단: 단 끝까지 패턴에 맞춰 뜨기.

9단을 1번 더 반복. 총 206[222, 238, 254]코.

다음 단(줄임단): sl1(겉) 2, 왼쪽 바늘에 2코 꼬아서 되돌리기, p2tog, 2코 남을 때까지 패턴에 맞춰 뜨기, p2tog.

총 204[220, 236, 252]코.

브이넥 둘레에서 코줍기

다음 단: 마커 전까지 패턴에 맞춰 뜨기, 마커 제거, m1L(겉),

마커 전까지 패턴에 맞춰 뜨기, m1R(겉), 마커 제거.

총 206[222, 238, 254]코.

왼쪽 앞판 코를 4.5mm 장갑바늘로 옮겨서 나머지 코가 있는 왼쪽 바늘 아래 둔다.

두 바늘에 있는 코를 겹쳐 아래와 같이 함께 뜬다.

다음 단: 겉 1, 안 4, 겉 4, 안 4, 겉 1, 마커 걸기.

총 192[208, 224, 240]코.

어깨 끝부터 잰 편물 길이가 43[47, 51, 55]cm가 될 때까지 콧수 변동 없이 계속 패턴에 맞춰 원통으로 뜬다.

밑단 뜨기

4mm 줄바늘로 바꾼다. 10cm가 될 때까지 콧수 변동 없이 계속 패턴에 맞춰 원통으로 뜬다.

고무단 패턴에 맞춰 느슨하게 코막음한다.

소매(양쪽 동일)

5mm 장갑바늘을 사용해 헤비 메리노 1가닥과 소프트 실크 모헤어 1가닥을 함께 뜬다.

감아코 중심에서부터 2[5, 2, 5]코 줍고, 다음 안뜨기 4코에서 1코마다 1코씩,

어깨 위쪽으로 올라가며 30[31, 34, 35]코, 소매 진동 아래쪽 안뜨기 4코까지 내려가며

30[31, 34, 35]코, 다음 안뜨기 4코에서 1코마다 1코씩, 감아코에서 2[5, 2, 5]코 줍는다.

마커를 건다.

총 72[80, 80, 88]코.

XS, M 사이즈
다음 단: 겉 2, 안 4, 2코 남을 때까지 *겉 4, 안 4* 반복, 겉 2.

S, L 사이즈
다음 단: 안 2, 6코 남을 때까지 *겉 4, 안 4* 반복, 겉 4, 안 2.

모든 사이즈
소매 경사뜨기
1단: 5[8, 5, 8]코 남을 때까지 패턴에 맞춰 뜨기, 편물 뒤집기.
2단: 더블스티치 만들기, 5[8, 5, 8]코 남을 때까지 패턴에 맞춰 뜨기, 편물 뒤집기.
3단: 더블스티치 만들기, 이전 단에서 만든 더블스티치 다음 2코까지 패턴에 맞춰 뜨기, 편물 뒤집기.
3단을 3번 더 반복.
다음 단: 더블스티치 만들기, 단 시작 마커 전까지 패턴에 맞춰 뜨기.
소매 길이가 16[16, 17, 17]㎝가 될 때까지 패턴에 맞춰 원통으로 뜬다.

XS, M 사이즈
다음 단(줄임단): 겉 2, p2tog, 안 2, 2코 남을 때까지 *겉 4, p2tog, 안 2* 반복, 겉 2.
총 63[70]코.

S, L 사이즈
다음 단(줄임단): p2tog, 6코 남을 때까지 *겉 4, 안 2, p2tog* 반복, 겉 4, 안 2.
총 70[77]코.

모든 사이즈
소매 길이가 43[43, 42, 42]㎝, 혹은 선호하는 길이가 될 때까지 콧수 변동 없이 계속 원통으로 뜬다.

아이코드 코막음
다음 단: kfb, 2코 남을 때까지 *왼쪽 바늘로 2코 옮기기, 겉 1, 1코 걸러뜨기, 겉 1, 걸러뜬 코로 덮어씌우기* 반복, 돗바늘을 사용해 남은 2코를 아이코드가 시작되는 곳에 꿰맨다.

마무리
남아 있는 꼬리실을 정리하고 소매 겨드랑이에 구멍이 있다면 꿰맨다.
뒤집어서 부드럽게 스팀한다.

It's Not a Sweatshirt

맨투맨 스웨터

—

맨투맨 티셔츠에서 영감을 받은 래글런 방식의 클래식한 크루넥 스웨터. 탑
다운 원통으로 뜨며 경사뜨기로 형태를 잡는다. 목은 겹단으로 뜨며 밑단과
소매는 단정하게 고무단으로 마무리한다. 메리노 1가닥과 소프트 실크 모헤
어 1가닥을 사용하여 부드럽게 몸을 감싼다.

맨투맨 스웨터

사이즈	XXS[XS, S, M, L, XL, 2XL, 3XL]
신체 가슴둘레	76-83[84-91, 92-99, 100-107, 108-116, 117-127, 128-139, 140-149]㎝
옷 가슴둘레	96[100, 108, 112, 118, 130, 142, 154]㎝
길이	52[54, 56, 58, 60, 62, 64, 66]㎝
소매 길이	46[46, 47, 47, 47, 48, 48, 48]㎝
실	니팅 포 올리브 메리노(메리노 울 100%, 50g당 250m)
	니팅 포 올리브 소프트 실크 모헤어(실크 30%, 모헤어 70%, 25g당 225m)
수량	메리노(펄 그레이) 4[4, 5, 5, 5, 6, 7, 7]볼×50g,
	소프트 실크 모헤어(퍼티) 4[4, 5, 5, 6, 6, 7, 7]볼×25g
바늘	3.5㎜ 장갑바늘과 줄바늘, 4㎜ 장갑바늘, 4.5㎜ 장갑바늘과 줄바늘, 마커, 스티치 홀더, 돗바늘
게이지	20코 26단(4.5㎜ 바늘, 니팅 포 올리브 메리노 1가닥과 소프트 실크 모헤어 1가닥, 10×10㎝ 메리야스뜨기)
약어	**m1L(겉)** 겉뜨기 모양으로 왼코 늘리기
(269쪽 참고)	**m1L(안)** 안뜨기 모양으로 왼코 늘리기
	k2tog 겉뜨기로 2코 모아뜨기
	sl1(겉) 겉뜨기 모양으로 1코 걸러뜨기
기법	겹단 목둘레 뜨기(267쪽 참고)

참고

메리노 1가닥과 소프트 실크 모헤어 1가닥을 함께 뜬다. 실이 쉽게 풀리도록 타래 중앙에서 가닥을 빼어 사용하자. 새로운 실을 가져올 때는 쓰던 실과 새 실 끝부분을 안쪽 면에서 10㎝ 정도 겹쳐 함께 떠준다. 요크를 뜨기 위해 코를 늘릴 때는 더 긴 줄바늘로 바꾼다.

몸통에서 소매를 분리할 때는 몸통 뜨기를 위해 다시 짧은 줄바늘로 바꾸는 것이 좋다.

넥밴드

4.5㎜ 장갑바늘을 사용해 메리노 1가닥과 소프트 실크 모헤어 1가닥으로 96[96, 104, 104, 104, 104, 104, 104]코를 잡는다. 시작 부분에 시작 마커를 걸고 코가 꼬이지 않도록 주의하며 원통으로 뜬다.

1단: 단 끝까지 *겉1, 안1* 반복, 마커 넘기기.
길이가 1㎝가 될 때까지 계속 1코 고무뜨기한다.
4㎜ 장갑바늘로 바꾼다. 전체 길이가 2㎝가 될 때까지 1코 고무뜨기.
3.5㎜ 장갑바늘로 바꾼다. 전체 길이가 6㎝가 될 때까지 1코 고무뜨기.
4㎜ 장갑바늘로 바꾼다. 전체 길이가 7㎝가 될 때까지 1코 고무뜨기.
4.5㎜ 장갑바늘로 바꾼다. 전체 길이가 8㎝가 될 때까지 1코 고무뜨기.

겹단 목둘레 뜨기

코잡은 단을 편물 뒤쪽으로 접어 고무단 세로 길이가 4㎝가 되도록 한다.
코잡은 단의 코를 바늘에 있는 코와 나란히 정렬한다.
아래와 같이 코잡은 단의 코와 바늘에 있는 코를 함께 뜬다.
*코잡은 단의 첫 번째 코를 주워 왼쪽 바늘에 있는 첫 번째 코와 함께 겉뜨기,
다음 코를 주워 왼쪽 바늘에 있는 다음 코와 함께 안뜨기*,
*~*를 단 끝까지 반복한다.
이렇게 하면 가장자리 시작코 전체가 바늘에 있는 코와 함께 패턴에 맞춰 떠진다.

요크

목 경사뜨기와 래글런 코늘림

1단: 겉 3[3, 4, 4, 4, 4, 4, 4], m1L(겉), *겉 4, m1L(겉)*을 7번 반복, 겉 3[3, 4, 4, 4, 4, 4, 4],
마커 걸기, 겉 10[10, 12, 12, 12, 12, 12, 12], 마커 걸기, 겉 3, 편물 뒤집기.
총 104[104, 112, 112, 112, 112, 112]코.
2단: 더블스티치 만들기, 시작 마커 전까지 안뜨기, 마커 넘기기,
안 10[10, 12, 12, 12, 12, 12, 12], 마커 걸기, 안 3, 편물 뒤집기.
3단: 더블스티치 만들기, 시작 마커 전까지 겉뜨기, 마커 넘기기, 겉 2, m1L(겉),
마커 전 2코 남을 때까지 겉뜨기, m1R(겉), 겉 2, 마커 넘기기, 겉 2, m1L(겉),
*~*를 이전 단에서 만든 더블스티치 다음 2코까지 반복, 편물 뒤집기.

4단: 더블스티치 만들기, 시작 마커 전까지 안뜨기, 마커 넘기기, 안 2, m1L(안),
다음 마커 전 2코 남을 때까지 안뜨기, m1R(안), 안 2, 마커 넘기기, 안 2, m1L(안), 이전 단에서 만든
더블스티치 다음 2코까지 안뜨기, 편물 뒤집기.
3~4단을 5번 더 반복.
다음 단: 더블스티치 만들기, 시작 마커 전까지 겉뜨기.
총 152[152, 160, 160, 160, 160, 160, 160]코.

래글런 코늘림

아래와 같이 메리야스뜨기로 원통으로 뜬다.
1단(늘림단): *겉2, m1L(겉), 다음 마커 전 2코 남을 때까지 겉뜨기, m1R(겉), 겉 2,
마커 넘기기*, *~*를 3번 더 반복.
총 160[160, 168, 168, 168, 168, 168, 168]코.
2단: 마커 넘기면서 단 끝까지 겉뜨기.
1, 2단을 20[22, 24, 26, 28, 30, 32, 34]번 더 반복하여 2단마다 코늘림한다.
총 320[336, 360, 376, 392, 408, 424, 440]코.

몸통과 소매 분리하기

준비단: 첫 번째 마커 전까지 겉뜨기, 마커 제거, 감아코로 0[0, 1, 1, 2, 6, 10, 14]코 만들기,
마커 걸기(단 시작), 감아코로 0[0, 1, 1, 2, 6, 10, 14]코 만들기, 다음 마커 전 64[68, 74, 78, 82,
86, 90, 94]코를 스티치 홀더나 자투리 실에 옮기기, 마커 제거, 다음 마커 전까지 겉뜨기, 마커 제거,
감아코로 0[0, 2, 2, 4, 12, 20, 28]코 만들기, 다음 마커 전 64[68, 74, 78, 82, 86, 90, 94]코를
스티치 홀더나 자투리 실에 옮기기, 마커 제거, 감아코로 만든 0[0, 1, 1, 2, 6, 10, 14]코를
단 시작 부분까지 겉뜨기.
총 192[200, 216, 224, 236, 260, 284, 308]코.

몸통

어깨부터 잰 편물 기장이 47[49, 51, 53, 55, 57, 59, 61]㎝, 혹은 선호하는 길이보다 5㎝ 짧을 때까지
원통으로 메리야스뜨기한다.

밑단 뜨기

3.5㎜ 줄바늘로 바꾼다.
다음 단: 단 끝까지 겉뜨기.
다음 단: 단 끝까지 *겉 1, 안 1* 반복.
고무단 길이가 5㎝가 될 때까지 1코 고무뜨기를 원통으로 뜬다.
고무단 패턴에 맞춰 느슨하게 코막음하거나 이탈리아식 코막음 기법을 사용한다.

소매(양쪽 동일)

스티치 홀더에 있던 64[68, 74, 78, 82, 86, 90, 94]코를 4.5㎜ 장갑바늘로 옮긴다.
헤비 메리노 1가닥과 소프트 실크 모헤어 1가닥을 가져와 원통으로 뜨되 코가 꼬이지 않도록 주의한다.
준비단: 단 끝까지 겉뜨기, 감아코에서 0[0, 1, 1, 2, 6, 10, 14]코 줍기, 마커 걸기(시작 마커),
감아코에서 0[0, 1, 1, 2, 6, 10, 14]코 줍기, 시작 마커 전까지 겉뜨기.
총 64[68, 76, 80, 84, 92, 100, 108]코.
1단(줄임단): k2tog를 0[0, 0, 0, 1, 3, 5, 7]번, 0[0, 0, 0, 2, 6, 10, 14]코 남을 때까지 겉뜨기, *sl1(겉),
겉 1, 걸러뜬 코로 덮어씌우기*, *~*를 0[0, 0, 0, 1, 3, 5, 7]번 반복.
총 64[68, 76, 80, 84, 92, 100, 108]코.
2단(줄임단): 겉 1, k2tog, 3코 남을 때까지 겉뜨기, sl1(겉), 겉 1, 걸러뜬 코로 덮어씌우기, 겉 1.
콧수 변동 없이 메리야스뜨기로 17[12, 8, 8, 7, 6, 4, 3]단 더 원통으로 뜬다.

앞의 2단(줄임단)과 이후 메리야스뜨기 17[12, 8, 8, 7, 6, 4, 3]단을
5[7, 10, 11, 12, 15, 18, 22]번 더 반복한다.
총 52[52, 54, 56, 58, 60, 62, 62]코.
소매 길이가 41[41, 42, 42, 42, 43, 43, 43]㎝, 혹은 선호하는 소매 길이보다 5㎝ 짧을 때까지
콧수 변동 없이 원통으로 메리야스뜨기한다.

소매 고무단 뜨기

3.5㎜ 장갑바늘로 바꾸고 코를 각 바늘에 가지런히 정렬한다.
다음 단: 단 끝까지 겉뜨기.
다음 단(줄임단): *겉 6[6, 7, 5, 5, 5, 5], k2tog*, *~*를 4[4, 0, 0, 2, 4, 6, 6]코 남을 때까지 반복,
겉 4[4, 0, 0, 2, 4, 6, 6].
총 46[46, 48, 48, 50, 52, 54, 54]코.

다음 단: 단 끝까지 *겉 1, 안 1* 반복.
소매 고무단 길이가 5㎝가 될 때까지 1코 고무뜨기를 원통으로 뜬다.

고무단 패턴에 맞춰 느슨하게 코막음하거나 이탈리아식 코막음 기법을 사용한다.

마무리

남아 있는 꼬리실을 정리하고 소매 겨드랑이에 구멍이 있다면 꿰맨다.
뒤집어서 부드럽게 스팀한다.

Karl Johan Sweater

칼 요한 스웨터

—

슬림핏의 기본 스웨터로 섬세한 고무뜨기로 마무리한다. 탑다운 원통으로
뜨는 이 스웨터는 높은 넥밴드와 소매까지 흐르듯 떨어지는 어깨선이 특징
이며, 소맷단은 좁은 고무단으로 마무리하여 퍼프소매 뉘앙스를 가미했다.

칼 요한 스웨터

사이즈	XXS[XS, S, M, L, XL, 2XL, 3XL]
신체 가슴둘레	76-83[84-91, 92-99, 100-107, 108-116, 117-127, 128-139, 140-149]㎝
옷 가슴둘레	91[95, 102, 110, 118, 128, 134, 138]㎝
길이	53[55, 57, 59, 61, 63, 66, 68]㎝
소매 길이	42[43, 45, 45, 43, 42, 42, 42]㎝
실	니팅 포 올리브 메리노(메리노 울 100%, 50g당 250m)
	니팅 포 올리브 소프트 실크 모헤어(실크 30%, 모헤어 70%, 25g당 225m)
수량	메리노(라쿤) 4[5, 5, 5, 5, 6, 7, 7]볼×50g,
	소프트 실크 모헤어(리드) 4[5, 5, 5, 5, 6, 6, 7]볼×25g
바늘	3.5mm 장갑바늘과 줄바늘, 4.5mm 장갑바늘과 줄바늘, 마커, 스티치 홀더, 돗바늘
게이지	20코 29단(4.5mm 바늘, 니팅 포 올리브 메리노 1가닥과
	소프트 실크 모헤어 1가닥, 10×10㎝ 메리야스뜨기)
약어	**m1R(겉)** 겉뜨기 모양으로 오른코 늘리기
(269쪽 참고)	**m1L(겉)** 겉뜨기 모양으로 왼코 늘리기
	k2tog 겉뜨기로 2코 모아뜨기

참고

메리노 1가닥과 소프트 실크 모헤어 1가닥을 함께 뜬다. 실이 쉽게 풀리도록 타래 중앙에서 가닥을 빼어 사용하자. 새로운 실을 가져올 때는 쓰던 실과 새 실 끝부분을 안쪽 면에서 10㎝ 정도 겹쳐 함께 떠준다. 마커를 걸 때 시작 마커와 다른 색의 마커를 쓰면 어깨에서 몇 코를 늘렸는지 가늠하기 쉽다. 요크를 뜨기 위해 코를 늘릴 때는 더 긴 줄바늘로 바꾼다.

몸통에서 소매를 분리할 때는 몸통 뜨기를 위해 다시 짧은 줄바늘로 바꾸는 것이 좋다.

넥밴드

3.5mm 장갑바늘을 사용해 메리노 1가닥과 소프트 실크 모헤어 1가닥으로 92[92, 92, 92, 92, 92, 96, 96]코를 잡는다. 시작 마커를 걸고 원통으로 연결하여 뜬다. 코가 꼬이지 않도록 주의하자.

1단: 단 끝까지 *겉 1, 안 1* 반복, 마커 넘기기.

1코 고무뜨기를 편물이 18cm가 될 때까지 반복한다.

편물을 뒤집어 안면을 본다.

다음 단: 더블스티치 만들기, 단 끝까지 1코 고무뜨기 반복.

요크

4.5mm 줄바늘로 바꾼다.

어깨 코늘림 마커 걸기

준비단: 18코를 1코 고무뜨기, 마커 걸기, 다음 11[11, 11, 11, 11, 11, 13, 13]코를 1코 고무뜨기, 마커 걸기, 다음 35코를 1코 고무뜨기, 마커 걸기, 다음 11[11, 11, 11, 11, 11, 13, 13]코를 1코 고무뜨기, 마커 걸기, 다음 17코를 1코 고무뜨기.

어깨 코늘림

뒤판 중앙에서 시작하여 아래와 같이 평면뜨기한다.

1단: 첫 번째 마커 전까지 겉뜨기, m1R(겉), 마커 넘기기, 다음 마커 전까지 겉뜨기, 마커 넘기기, m1L(겉), 겉 2, 편물 뒤집기.

2단: 더블스티치 만들기, 첫 번째 마커 전까지 안뜨기, m1R(안), 마커 넘기기, 다음 마커 전까지 안뜨기, 마커 넘기기, m1L(안), 시작 마커 전까지 안뜨기, 마커 넘기기, 첫 번째 마커 전까지 안뜨기, m1R(안), 마커 넘기기, 다음 마커 전까지 안뜨기, 마커 넘기기, m1L(안), 안 2, 편물 뒤집기.

3단: 더블스티치 만들기, 첫 번째 마커 전까지 겉뜨기, m1R(겉), 마커 넘기기, 다음 마커 전까지 겉뜨기, 마커 넘기기, m1L(겉), 시작 마커 전까지 겉뜨기, 마커 넘기기, 마커 전까지 겉뜨기, m1R(겉), 마커 넘기기, 다음 마커 전까지 겉뜨기, 마커 넘기기, m1L(겉), 이전 단에서 만든 더블스티치 다음 2코까지 겉뜨기, 편물 뒤집기.

4단: 더블스티치 만들기, 첫 번째 마커 전까지 안뜨기, m1R(안), 마커 넘기기, 다음 마커 전까지 안뜨기, 마커 넘기기, m1L(안), 시작 마커 전까지 안뜨기, 마커 넘기기, 첫 번째 마커 전까지 안뜨기, m1R(안), 마커 넘기기, 다음 마커 전까지 안뜨기, 마커 넘기기, m1L(안), 이전 단에서 이전 단에서 만든 더블스티치 다음 2코까지 안뜨기, 편물 뒤집기.
3~4단을 5번 더 반복.

다음 단: 더블스티치 만들기, 다음 마커 전까지 겉뜨기, m1R(겉), 마커 넘기기, 다음 마커 전까지 겉뜨기, 마커 넘기기, m1L(겉), 시작 마커 전까지 겉뜨기, 마커 넘기기.
총 148[148, 148, 148, 148, 148, 152, 152]코.

이제 각 단 마커 부분에서 규칙대로 코늘림하면서 2[4, 5, 7, 9, 11, 12, 12]단을 원통으로 뜬다.
총 156[164, 168, I76, 184, 192, 200, 200]코.

다음 단: 단 끝까지 겉뜨기.

래글런 코늘림
1단(늘림단): *다음 마커 전까지 겉뜨기, 마커 넘기기, m1L(겉), 다음 마커 전까지 겉뜨기, m1R(겉), 마커 넘기기*, *~*를 시작 마커 전까지 반복.
2단: 단 끝까지 겉뜨기.
1~2단을 232[244, 252, 264, 276, 288, 296, 296]코가 될 때까지 반복.
다음 단: 단 끝까지 겉뜨기.

몸통과 래글런 코늘림 뜨기
다음 단: *다음 마커 전 1코 남을 때까지 겉뜨기, m1R(겉), 겉 1, 마커 넘기기, m1L(겉), 다음 마커 전까지 겉뜨기, m1R(겉), 마커 넘기기, 겉 1, m1L(겉)*, *~*를 1번 더 반복, 시작 마커 전까지 겉뜨기.
2단: 단 끝까지 겉뜨기.
1~2단을 280[292, 292, 312, 324, 336, 344, 344]코가 될 때까지 반복.
다음 단: 단 끝까지 겉뜨기.

몸통과 소매 추가 코늘림

1단: *다음 마커 전 1코 남을 때까지 겉뜨기, m1R(겉), 겉 1, 마커 넘기기, m1L(겉), 마커 전까지 겉뜨기, m1R(겉), 마커 넘기기, 겉 1, m1L(겉)*, *~*를 1번 더 반복, 시작 마커 전까지 겉뜨기.

2단: *다음 마커 전 1코 남을 때까지 겉뜨기, m1R(겉), 겉 1, 마커 넘기기, 마커 전까지 겉뜨기, 마커 넘기기, 겉 1, m1L(겉)*, *~*를 1번 더 반복, 시작 마커 전까지 겉뜨기.

1~2단을 316[328, 340, 360, 384, 408, 416, 416]코가 될 때까지 반복.

다음 단: 단 끝까지 겉뜨기.

몸통과 소매 분리하기

준비단: 첫 마커 전까지 겉뜨기, 마커 제거, 다음 소매 67[69, 71, 75, 79, 83, 85, 85]코를 스티치 홀더나 자투리 실에 옮기기, 마커 제거, 감아코로 0[0, 3, 5, 5, 7, 11, 15]코 만들기, 다음 마커 전까지 겉뜨기, 마커 제거, 다음 소매 67[69, 71, 75, 79, 83, 85, 85]코를 스티치 홀더나 자투리 실에 옮기기, 마커 제거, 감아코로 0[0, 3, 5, 5, 7, 11, 15]코 만들기, 단 끝까지 겉뜨기, 시작 마커 넘기기.

총 182[190, 204, 220, 236, 256, 268, 276]코.

몸통

바늘에 있는 코를 콧수 변동 없이 원통으로 메리야스뜨기한다. 어깨부터 잰 기장이 43[45, 47, 49, 51, 53, 56, 58]㎝가 되거나 선호하는 길이보다 10㎝ 짧을 때까지 뜬다.

3.5㎜ 줄바늘로 바꾼다.

밑단 뜨기

다음 단: 단 끝까지 *겉 1, 안 1* 반복.

고무단이 10㎝ 될 때까지 1코 고무뜨기를 원통으로 뜬다.

고무단 패턴에 맞춰 느슨하게 코막음하거나 이탈리아식 코막음 기법을 사용한다.

소매(양쪽 동일)

스티치 홀더나 자투리 실에 옮겨둔 67[69, 71, 75, 79, 83, 85, 85]코를 4.5㎜ 장갑바늘로 옮기고 메리노 1가닥과 소프트 실크 모헤어 1가닥으로 겨드랑이 감아코에서 0[0, 4, 6, 6, 8, 12, 16]코를 줍는다. 마커를 걸고 코가 꼬이지 않도록 주의하며 원통으로 뜬다.
67[69, 75, 81, 85, 91, 97, 101]코가 바늘에 있다.

소매 길이가 27[28, 29, 29, 28, 27, 27, 27]㎝, 혹은 선호하는 길이보다 15㎝ 짧을 때까지 콧수 변동 없이 원통으로 메리야스뜨기.

소매 고무단 뜨기

3.5㎜ 장갑바늘로 바꾸고 각 바늘에 코를 균등하게 배분한다.

XXS, 2XL 사이즈

다음 단(줄임단): 2코 남을 때까지 *k2tog 2, 겉 1* 반복, k2tog. 총 40[58]코.

XS 사이즈

다음 단(줄임단): 4코 남을 때까지 *k2tog 2, 겉 1* 반복, k2tog, 겉 2. 총 42코.

S, L 사이즈

다음 단(줄임단): 5코 남을 때까지 *k2tog 2, 겉 1* 반복, k2tog, 겉 3. 총 46[52]코.

M, XL, 3XL 사이즈

다음 단(줄임단): 6코 남을 때까지 *k2tog 2, 겉 1* 반복, k2tog 3.
총 48[54, 60]코.

모든 사이즈

다음 단: 단 끝까지 *겉 1, 안 1* 반복.
고무단 길이가 15㎝가 될 때까지 1코 고무뜨기를 원통으로 뜬다.
고무단 패턴에 맞춰 느슨하게 코막음하거나 이탈리아식 코막음 기법을 사용한다.

마무리

남아 있는 꼬리실을 정리하고 소매 겨드랑이에 구멍이 있다면 꿰맨다.
뒤집어서 부드럽게 스팀한다.

Karl Johan Collar

칼 요한 넥워머

—

추운 겨울, 재킷이나 코트 안에 겹쳐 입도록 디자인한 실용적인 넥워머다. 탑다운으로 뜨며, 목 부분은 처음엔 원통 고무뜨기로 뜨고 이후 코늘림하며 어깨를 뜬 다음 앞판과 뒤판을 각각 평면뜨기로 완성한다.

칼 요한 넥워머

사이즈	프리사이즈
너비	30cm
길이	30cm
실	니팅 포 올리브 메리노(메리노 울 100%, 50g당 250m)
	니팅 포 올리브 소프트 실크 모헤어(실크 30%, 모헤어 70%, 25g당 225m)
수량	메리노(다크 무스) 2볼×50g, 소프트 실크 모헤어(다크 무스) 2볼×25g
바늘	3mm 장갑바늘, 4mm 줄바늘, 마커, 스티치 홀더, 돗바늘
게이지	21코 30단(4mm 바늘, 니팅 포 올리브 메리노 1가닥과
	소프트 실크 모헤어 1가닥, 10×10cm 메리야스뜨기)
약어	**m1R(겉)** 겉뜨기 모양으로 오른코 늘리기
(269쪽 참고)	**m1L(겉)** 겉뜨기 모양으로 왼코 늘리기
	m1R(안) 안뜨기 모양으로 오른코 늘리기
	m1L(안) 안뜨기 모양으로 왼코 늘리기
	sl1(안) 안뜨기 모양으로 1코 걸러뜨기
	k2tog 겉뜨기로 2코 모아뜨기
기법	더블스티치 코막음(268쪽 참고)

참고

메리노 1가닥과 소프트 실크 모헤어 1가닥을 함께 뜬다. 실이 쉽게 풀리도록 타래 중앙에서 가닥을
빼어 사용하자. 새로운 실을 가져올 때는 쓰던 실과 새 실 끝부분을 안쪽 면에서 10cm 정도 겹쳐
함께 떠준다. 요크를 뜨기 위해 코를 늘릴 때는 더 긴 줄바늘로 바꾼다.

넥밴드

3mm 장갑바늘을 사용하여 메리노 1가닥과 소프트 실크 모헤어 1가닥으로 92코를 잡는다.
시작 마커를 걸고 원통으로 연결하여 뜬다. 코가 꼬이지 않도록 주의하자.

1단: 단 끝까지 *겉 1, 안 1* 반복, 마커 넘기기, 편물이 18㎝가 될 때까지 원통으로 1코 고무뜨기한다.

안면이 보이도록 뒤집는다.
다음 단: 더블스티치 만들기, 단 끝까지 1코 고무뜨기.

요크

4mm 줄바늘로 바꾼다.

마커 걸기
준비단: 19코를 1코 고무뜨기, 마커 걸기, 다음 9코를 1코 고무뜨기, 마커 걸기, 다음 37코를
1코 고무뜨기, 마커 걸기, 다음 9코를 1코 고무뜨기, 마커 걸기, 다음 18코를 1코 고무뜨기.

어깨 코늘림
뒤판 중앙에서 시작하여 아래와 같이 평면뜨기한다.

1단: 마커 전 1코 남을 때까지 겉뜨기, m1R(겉), 겉 1, 마커 넘기기, 다음 마커까지 겉뜨기, 마커 넘기기,
겉 1, m1L(겉), 겉 2, 편물 뒤집기.

2단: 더블스티치 만들기, 다음 마커 전 1코 남을 때까지 안뜨기, m1R(안), 안 1, 마커 넘기기,
다음 마커까지 안뜨기, 마커 넘기기, 안 1, m1L(안), 시작 마커까지 안뜨기, 마커 넘기기,
마커 전 1코 남을 때까지 안뜨기, m1R(안), 안 1, 마커 넘기기, 다음 마커까지 안뜨기, 마커 넘기기,
안 1, m1L(안), 안 2, 편물 뒤집기.

3단: 더블스티치 만들기, 마커 전 1코 남을 때까지 겉뜨기, m1R(겉), 겉 1, 마커 넘기기, 다음 마커까지 겉뜨기, 마커 넘기기, 겉 1, m1L(겉), 시작 마커까지 겉뜨기, 마커 넘기기, 마커 전 1코 남을 때까지 겉뜨기, m1R(겉), 겉 1, 마커 넘기기, 다음 마커까지 겉뜨기, 마커 넘기기, 겉 1, m1L(겉), 이전 단에서 만든 더블스티치 다음 2코까지 겉뜨기, 편물 뒤집기.

4단: 더블스티치 만들기, 마커 전 1코 남을때까지 안뜨기, m1R(안), 안 1, 마커 넘기기, 다음 마커까지 안뜨기, 마커 넘기기, 안 1, m1L(안), 시작 마커까지 안뜨기, 마커 넘기기, 마커 전 1코 남을 때까지 안뜨기, m1R(안), 안 1, 마커 넘기기, 다음 마커까지 안뜨기, 마커 넘기기, 안 1, m1L(안), 이전 단에서 만든 더블스티치 다음 2코까지 안뜨기, 편물 뒤집기.

3~4단을 5번 더 반복.

다음 단: 더블스티치 만들기, 마커 전 1코 남을 때까지 겉뜨기, m1R(겉), 겉 1, 마커 넘기기, 다음 마커까지 겉뜨기, 마커 넘기기, 겉 1, m1L(겉), 시작 마커까지 겉뜨기, 마커 넘기기.
총 148코.

마지막 단 1번 더 반복. 총 152코.

어깨 코막음
다음 단: *마커 전 1코 남을 때까지 겉뜨기, 더블스티치 코막음 기법으로 다음 10코 코막음, 겉 1, 오른쪽 바늘에 있는 1코 코막음*, *~*를 시작 마커 전까지 반복.
총 130코.

실을 끊는다.

뒤판

뒤판 중앙에서 시작하여 왼쪽 바늘에 있는 뒤판 어깨 코를 오른쪽 바늘로 넘긴다.
바늘에 65코가 있다.

앞판 65코를 스티치 홀더나 자투리 실에 옮긴다.

실을 다시 연결하여 아래와 같이 평면뜨기한다.
다음 단(안면): 2코 남을 때까지 안뜨기, 실을 편물 앞쪽에 두고 sl1(안), 안 1.

가장자리 코들을 아래와 같이 작업하면서 평면으로 메리야스뜨기한다.
1단(겉면): 실을 편물 뒤쪽에 두고 sl1(안), 2코 남을 때까지 겉뜨기, 실을 편물 뒤쪽에 두고 sl1(안), 안 1.
2단: 실을 편물 뒤쪽에 두고 sl1(안), 2코 남을 때까지 안뜨기, 실을 편물 뒤쪽에 두고 sl1(안), 안 1.

편물 길이가 어깨부터 25㎝ 될 때까지 1~2단을 반복하고 안면에서 마친다.
다음 단(겉면): k2tog, 2코 남을 때까지 겉뜨기, sl1(겉), 겉 1, 걸러뜬 코로 덮어씌우기.
다음 단: 단 끝까지 안뜨기.

더블스티치 코막음 기법으로 코막음하고 시작과 끝은 겉 1로 코막음한다.

앞판

뒤판과 똑같이 뜬다.

마무리

남은 꼬리실을 정리하고 부드럽게 스팀한다.

Simple and Simple Sweater

심플 스웨터

—

디자인이 단순하고 뜨기도 쉬워 초보자용으로 알맞은 도안이다. 높은 목둘레에 넓은 고무단이 클래식한 멋을 자아낸다. 탑다운 원통으로 작업하며 소매는 래글런 코늘림한다. 코늘림 후 몸통과 소매를 분리하여 뜨기 때문에 원하는 길이로 조절하며 뜰 수 있다.

심플 스웨터

사이즈	XXS[XS, S, M, L, XL, 2XL, 3XL]
신체 가슴둘레	76-83[84-91, 92-99, 100-107, 108-116, 117-127, 128-139, 140-149]㎝
옷 가슴둘레	93[96, 100, 106, 115, 123, 132, 142]㎝
길이	53[55, 57, 59, 61, 63, 65, 67]㎝
소매 길이	42[44, 46, 47, 48, 49, 49, 49]㎝
실	니팅 포 올리브 메리노(메리노 울 100%, 50g당 250m)
	니팅 포 올리브 소프트 실크 모헤어(실크 30%, 모헤어 70%, 25g당 225m)
수량	메리노(소프트 코냑) 3[4, 4, 4, 5, 6, 7, 8]볼×50g,
	소프트 실크 모헤어(너트 브라운) 6[7, 7, 8, 10, 11, 13, 15]볼×25g
바늘	4.5㎜ 장갑바늘과 줄바늘, 6㎜ 장갑바늘과 줄바늘, 마커, 스티치 홀더, 돗바늘
게이지	16코 21단(6㎜ 바늘, 니팅 포 올리브 메리노 1가닥과
	소프트 실크 모헤어 2가닥, 10×10㎝ 메리야스뜨기)
약어	**m1** 겉뜨기 모양으로 코늘리기
(269쪽 참고)	**k2tog** 겉뜨기로 2코 모아뜨기
기법	감아코 만들기(267쪽 참고)

참고

메리노 1가닥과 소프트 실크 모헤어 2가닥을 함께 뜬다. 실이 쉽게 풀리도록 타래 중앙에서 가닥을 빼어 사용하자. 새로운 실을 가져올 때는 쓰던 실과 새 실 끝부분을 안쪽 면에서 10㎝ 정도 겹쳐 함께 떠준다. 래글런 마커를 걸 때 시작 마커와 다른 색의 마커를 쓰면 코늘림을 얼마나 했는지 가늠하기 쉽다.

넥밴드

4.5mm 장갑바늘을 사용해 메리노 1가닥과 소프트 실크 모헤어 2가닥으로 74[74, 76, 76, 80, 80, 80, 80]코를 잡는다. 시작 마커를 걸고 원통으로 연결하여 뜬다. 코가 꼬이지 않도록 주의하자.

1단: 단 끝까지 *겉 1, 안 1* 반복, 시작 마커 넘기기.

고무단 길이가 6cm가 될 때까지 1코 고무뜨기를 반복한다.

요크

래글런 늘림

6mm 줄바늘로 바꾼다.

준비단: 다음 10코까지 겉뜨기, 마커 걸기, 다음 27[27, 28, 28, 30, 30, 30, 30]코까지 겉뜨기, 마커 걸기, 다음 10코까지 겉뜨기, 마커 걸기, 시작 마커 전 27[27, 28, 28, 30, 30, 30, 30]코까지 겉뜨기, 시작 마커 넘기기.

아래와 같이 계속해서 원통으로 뜬다.

1단: *겉 1, m1(다음 코 전에 있는 가로줄을 고리 바늘로 앞에서 뒤로 찔러 주워 작업한다), 다음 마커 전 1코 남을 때까지 겉뜨기, m1, 겉 1, 마커 넘기기*, *~*를 3번 반복.

2단: 단 끝까지 겉뜨기.

1~2단을 반복하여 2단에 1번 코늘림.

총 258[266, 276, 284, 304, 320, 320, 320]코가 될 때까지 반복한다.

몸통과 소매 분리하기

준비단: 다음 마커까지 56[58, 60, 62, 66, 70, 70, 70]코를 스티치 홀더나 자투리 실에 옮기기, 마커 제거, 감아코로 2[2, 2, 4, 4, 8, 16, 24]코 만들기, 겉 73[75, 78, 80, 86, 90, 90, 90], 마커 제거, 다음 마커까지 56[58, 60, 62, 66, 70, 70, 70]코를 스티치 홀더나 자투리 실에 옮기기, 마커 제거, 감아코로 2[2, 2, 4, 4, 8, 16, 24]코 만들기, 단 끝까지 겉 73[75, 78, 80, 86, 90, 90, 90], 마커 넘기기.

총 150[154, 160, 168, 180, 196, 212, 228]코.

몸통

콧수 변동 없이 어깨부터 잰 편물 길이가 43[45, 47, 49, 51, 53, 55, 57]㎝,
혹은 선호하는 길이보다 10㎝ 짧을 때까지 원통으로 메리야스뜨기.

밑단 뜨기

4.5㎜ 줄바늘로 바꾼다.

다음 단: 단 끝까지 *겉 1, 안 1* 반복.

고무단 길이가 10㎝가 될 때까지 1코 고무뜨기를 원통으로 뜬다.

고무단 패턴에 맞춰 느슨하게 코막음.

소매(양쪽 동일)

스티치 홀더나 자투리 실에 옮겨둔 56[58, 60, 62, 66, 70, 70, 70]코를 6㎜ 장갑바늘로 넘긴다.

준비단: 겉 56[58, 60, 62, 66, 70, 70, 70], 마커 걸기,

감아코 만든 곳에서 2[2, 2, 4, 4, 8, 16, 24]코 줍기.

총 58[60, 62, 66, 70, 78, 86, 94]코.

콧수 변동 없이 소매 길이가 32[34, 36, 37, 38, 39, 39, 39]㎝,
혹은 선호하는 길이보다 10㎝ 짧을 때까지 원통으로 메리야스뜨기한다.

소매 고무단 뜨기

XXS, S, L 사이즈

다음 단(줄임단): 4코 남을 때까지 *k2tog, 겉 1* 반복, k2tog 2.
총 38[42, 46]코.

XS, M 사이즈

다음 단(줄임단): 단 끝까지 *k2tog, 겉 1* 반복. 총 40[44]코.

XL 사이즈

다음 단(줄임단): 겉 10, 단 끝까지 k2tog 반복. 총 44코.

2XL, 3XL 사이즈

다음 단(줄임단): 2코 남을 때까지 k2tog 반복, 겉 2. 총 44[48]코.

모든 사이즈

4.5mm 장갑바늘로 바꾼다.
다음 단: 단 끝까지 *겉 1, 안 1* 반복.
소매 고무단 길이가 10cm가 될 때까지 1코 고무뜨기를 원통으로 뜬다.
고무단 패턴에 맞춰 느슨하게 코막음한다.

마무리

남아 있는 꼬리실을 정리하고 소매 겨드랑이에 구멍이 있다면 꿰맨다.
뒤집어서 부드럽게 스팀한다.

Nature Lace Sweater

레이스 패턴 스웨터

—

심플한 레이스 패턴의 오버사이즈 풀오버로, 넓은 소맷단과 밑단, 커프스, 높이 올라오는 하이넥이 특징이다. 바탕의 레이스 무늬가 섬세하고 여성스러운 느낌을 자아내며 넓은 고무단과 두툼한 두께감 덕분에 여유롭고 포근해 보인다. 탑다운으로 뜨되, 앞판과 뒤판 어깨는 평면뜨기로 뜬다. 편물을 합친 후 몸통과 소매는 원통으로 뜨며, 목둘레에서 코를 주워 뜨는 하이넥 역시 원통으로 작업한다.

레이스 패턴 스웨터

사이즈	S[M, L]
신체 가슴둘레	76-91[92-116, 117-145]㎝
옷 가슴둘레	118[129, 141]㎝
길이	51[56, 61]㎝
소매 길이	45[50, 50]㎝
실	니팅 포 올리브 헤비 메리노(메리노 울 100%, 50g당 125m)
	니팅 포 올리브 소프트 실크 모헤어(실크 30%, 모헤어 70%, 25g당 225m)
수량	헤비 메리노(네이처) 8[10, 12]볼×50g, 소프트 실크 모헤어(리넨)
	5[6, 7]볼×25g
바늘	4.5mm 장갑바늘과 줄바늘, 5mm 장갑바늘과 줄바늘, 마커, 스티치 홀더, 돗바늘
게이지	17코 25단(5mm 바늘, 니팅 포 올리브 헤비 메리노 1가닥과
	소프트 실크 모헤어 1가닥, 10×10㎝ 레이스 무늬 뜨기)
약어	**k2tog** 겉뜨기로 2코 모아뜨기
(269쪽 참고)	**m1L(겉)** 겉뜨기 모양으로 왼코 늘리기
기법	바늘비우기(268쪽 참고)

참고

헤비 메리노 1가닥과 소프트 실크 모헤어 1가닥을 함께 뜬다. 실이 쉽게 풀리도록 타래 중앙에서 가닥을 빼어 사용하자. 새로운 실을 가져올 때는 쓰던 실과 새 실 끝부분을 안쪽 면에서 10㎝ 정도 겹쳐 함께 떠준다.

뒤판

오른쪽 어깨 뜨기

5mm 줄바늘을 사용하여 헤비 메리노 1가닥과 소프트 실크 모헤어 1가닥으로 33[33, 43]코를 잡는다.

1단(안면): 단 끝까지 안뜨기.

차트 A의 1~12단을 뜨면서, 11단 첫 코에서 1코 늘린다.

총 34[34, 44]코. 실을 끊는다.

왼쪽 어깨 뜨기

5mm 줄바늘을 사용하여 헤비 메리노 1가닥과 소프트 실크 모헤어 1가닥으로 33[33, 43]코를 잡는다.

1단(안면): 단 끝까지 안뜨기.

차트 B의 1~12단을 뜨면서, 11단 마지막 코에서 1코 늘린다.

총 34[34, 44]코.

실을 끊지 않는다.

어깨 연결하기

다음 단(겉면): 차트 B의 13단을 34[34, 44]코까지(왼쪽 어깨) 뜨기, 단 끝에서 1코 늘림, 오른쪽 바늘에 21코 잡기, 차트 A의 13단을 34[34, 44]코까지(오른쪽 어깨) 뜨되, 단 첫 코에서 1코 늘림.

총 91[91, 111]코.

다음 단: 단 끝까지 안뜨기.

차트 C의 1~20단을 뜨되, 10코 패턴 구간을 7[7, 9]번 반복한다.

차트 C의 1~16단을 뜨되, 10코 패턴 구간을 7[7, 9]번 반복한다.

실을 끊는다.

앞판

왼쪽 어깨 뜨기

5mm 줄바늘을 사용해 헤비 메리노 1가닥과 소프트 실크 모헤어 1가닥으로 뒤판 왼쪽 어깨 시작코를 따라 33[33, 43]코를 줍는다.

1단(안면): 단 끝까지 안뜨기.

차트 D의 1~20단을 뜨면서 11단을 뜬다.

총 38[38, 48]코.

실을 끊는다.

오른쪽 어깨 뜨기

5mm 줄바늘을 사용해 헤비 메리노 1가닥과 소프트 실크 모헤어 1가닥으로 오른쪽 어깨 뒤판 가장자리 시작코를 따라 33[33, 43]코를 줍는다.

1단(안면): 단 끝까지 안뜨기.

차트 E의 1~20단을 뜬다.

총 38[38, 48]코.

실을 끊지 않는다.

어깨 연결하기

다음 단(겉면): 차트 E의 21단을 38[38, 48]코까지(오른쪽 어깨) 뜨기, 오른쪽 바늘에 15코 잡기, 차트 D의 21단을 38[38, 48]코까지(왼쪽 어깨) 뜨기.

총 91[91, 111]코.

다음 단: 단 끝까지 안뜨기.

차트 F의 1~20단을 뜨되, 10코 패턴 구간을 7[7, 9]번 반복한다.

차트 F의 1~8단을 뜨되, 10코 패턴 구간을 7[7, 9]번 반복한다. 실을 끊지 않는다.

몸통

앞판과 뒤판 연결하기

준비단(겉면): 차트 F의 9단을 91[91, 111]코까지(앞판) 뜨기, 오른쪽 바늘에 9[19, 9]코 잡기, 차트 C의 17단을 91[91, 111]코까지(뒤판) 뜨기, 오른쪽 바늘에 9[19, 9]코 잡기.

총 200[220, 240]코.

시작 마커를 걸고 원통으로 연결하여 뜬다. 코가 꼬이지 않도록 주의한다.

차트 G의 1~20단을 뜨면서 10코 패턴 구간을 20[22, 24]번 반복하고 9단에서 시작 마커를 오른쪽으로 한 코 옮긴다.

차트 G의 1~20단을 1[2, 2]번 더 반복한다.

S, L 사이즈

차트 G의 1~19단을 뜬다.

M 사이즈

차트 G의 1~9단을 뜬다.

모든 사이즈

밑단 뜨기

4.5mm 줄바늘로 바꾼다.

다음 단: 단 끝까지 겉뜨기.

1단: 단 끝까지 *겉 2, 안 2* 반복.

몸통 고무단 길이가 7[8, 9]cm가 될 때까지 2코 고무뜨기를 원통으로 뜬다.

고무단 패턴에 맞춰 느슨하게 코막음.

소매(양쪽 동일)

소매 코줍기

5mm 장갑바늘을 사용해 겨드랑이 감아코 중심에서 왼쪽을 따라 4[9, 14]코를 줍는다.

어깨로 올라가며 35코, 어깨 중심에서 1코, 겨드랑이를 향해 내려가며 감아코 전까지 35코,

감아코에서 나머지 5[10, 15]코를 줍는다. 마커를 건다. 총 80[90, 100]코.

S 사이즈

차트 H의 1~20단을 뜨면서 10코 패턴 구간을 5번 반복한다. 총 70코.

차트 J의 1~20단을 뜨되, 10코 패턴 구간을 7번 반복한다.

차트 J의 1~20단을 2번 더 뜬다.

M 사이즈

차트 HH의 1~20단을 뜨면서 10코 패턴 구간을 6번 반복한다. 총 80코.

차트 J의 11~20단을 뜨면서 10코 패턴 구간을 8번 반복한다.

차트 J의 1~20단을 3번 더 반복한다.

L 사이즈

차트 J의 10코 패턴 구간을 10번 반복하면서 1~20단을 뜨고, 이를 5번 반복한다.

모든 사이즈

차트 K 1~7단을 뜨되, 10코 패턴 구간을 7[8, 10]번 반복하면서 3단과 7단에서 코줄임한다.

총 42[48, 60]코.

소매 고무단 뜨기

4.5mm 장갑바늘로 바꾼다.

다음 단: 단 끝까지 겉뜨기.

S 사이즈

다음 단: k2tog, 2코 남을 때까지 겉뜨기, k2tog. 총 40코.

M, L 사이즈

다음 단: k2tog, 겉 10, k2tog, 겉 20, k2tog, 겉 10, k2tog. 총 44[44]코.

모든 사이즈

1단: 단 끝까지 *겉 2, 안 2* 반복.
고무단이 11cm가 될 때까지 2코 고무뜨기를 반복한다. 고무단 패턴에 맞춰 느슨하게 코막음.

넥밴드

4.5mm 장갑바늘을 사용해서 왼쪽 어깨 중심에서 시작해서 왼쪽으로 가며 코를 줍는다.
왼쪽 어깨 앞판에서 12코, 앞판에서 16코, 오른쪽 어깨 앞판에서 오른쪽 어깨 중심까지 12코,
오른쪽 어깨 뒤판을 따라 10코, 뒤판에서 20코, 왼쪽 어깨 뒤판에서 왼쪽 어깨 가운데까지 10코를
줍는다. 시작 마커를 건다.
총 80코.

S, M 사이즈

다음 단(줄임단): 단 끝까지 *겉 8, k2tog* 반복. 총 72[72]코.

L 사이즈

다음 단: 단 끝까지 겉뜨기.

모든 사이즈

다음 단: 단 끝까지 *겉 2, 안 2* 반복.
목 고무단 길이가 10[12, 12]cm가 될 때까지 2코 고무뜨기를 원통으로 뜬다.

다음 단: *고무뜨기로 4코 코막음, m1L(겉), 오른쪽 바늘에 있는 1코 코막음*, *~*를 단 끝까지 반복.

마무리

남아 있는 꼬리실을 정리하고 소매 겨드랑이에 구멍이 있다면 꿰맨다.
뒤집어서 부드럽게 스팀한다.

차트 A

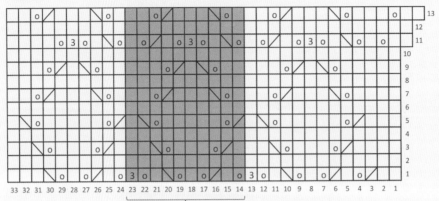

10코 패턴 반복 구간(L 사이즈)

차트 B

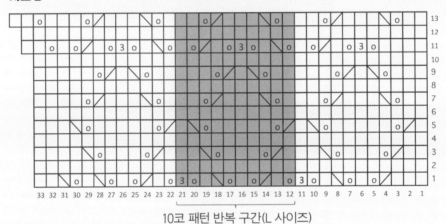

10코 패턴 반복 구간(L 사이즈)

차트 C

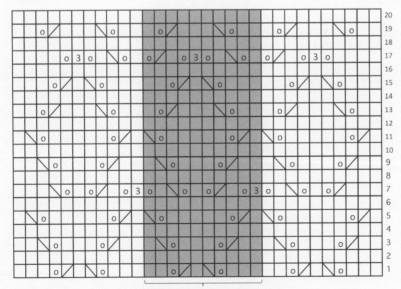

10코 패턴 반복 구간(모든 사이즈)

차트 D

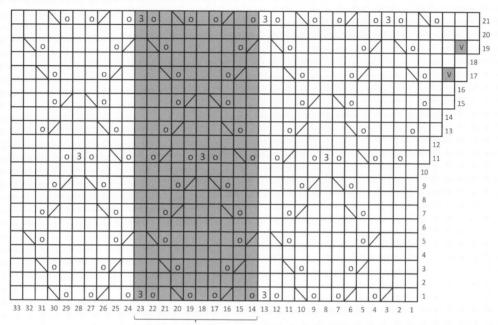

10코 패턴 반복 구간(L 사이즈)

차트 E

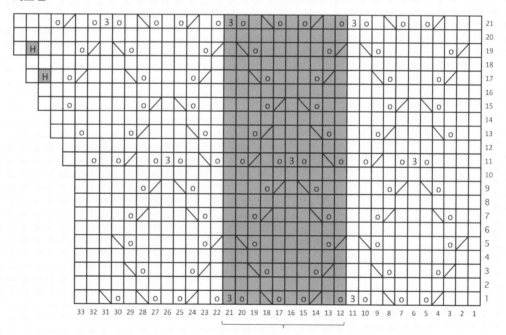

10코 패턴 반복 구간(L 사이즈)

차트 F

10코 패턴 반복 구간(모든 사이즈)

차트 G 9단에서 시작 마커를 1코 오른쪽으로 옮긴다.

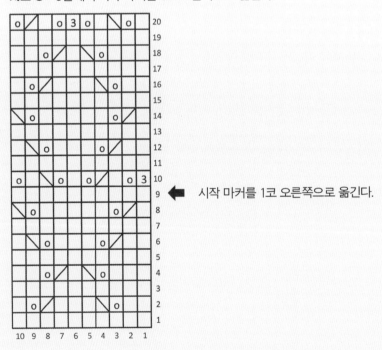

← 시작 마커를 1코 오른쪽으로 옮긴다.

196

차트 H

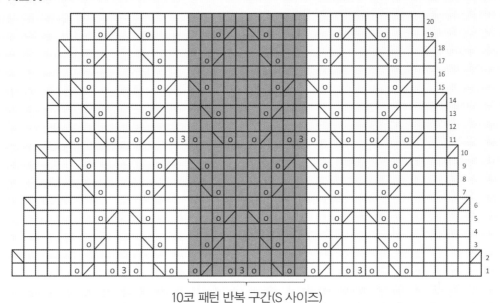

10코 패턴 반복 구간(S 사이즈)

차트 HH   20단에서 시작 마커를 1코 오른쪽으로 옮긴다.

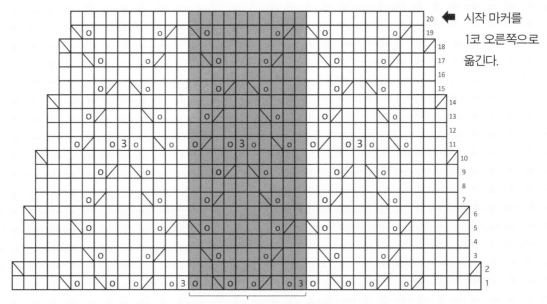

◀ 시작 마커를
1코 오른쪽으로
옮긴다.

10코 패턴 반복 구간(M 사이즈)

차트 J 10단에서 시작 마커를 1코 오른쪽으로 옮긴다.

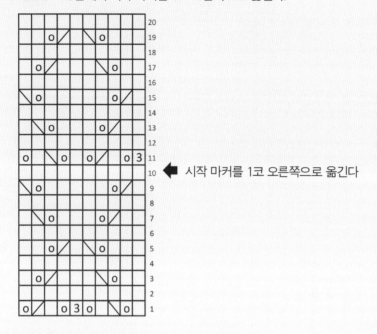

◀ 시작 마커를 1코 오른쪽으로 옮긴다

차트 K

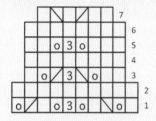

기호 설명

☐	겉면에서 겉뜨기, 안면에서 안뜨기
Ⅴ	m1L(겉) 겉뜨기 모양으로 왼코 늘리기
H	m1R(겉) 겉뜨기 모양으로 오른코 늘리기
◺	겉뜨기 모양으로 1코 걸러뜨기, 겉 1, 걸러뜬 코로 덮어씌우기
◹	겉뜨기로 2코 모아뜨기
O	바늘비우기
3	겉뜨기로 1코 걸러뜨기, 겉뜨기로 2코 모아뜨기, 걸러뜬 코로 덮어씌우기
▩	단마다 여러 번 반복되는 치수별 10코 패턴

Frederiksberg Beanie

프레데릭스베르 비니

—

스타일에 맞추어 뒤집어서 쓸 수 있는 양면 비니. 메리야스 무늬와 안뜨기 무늬 중 원하는 쪽이 겉으로 나오게 쓰면 된다. 이중으로 접어 뜨기 때문에 한겨울도 거뜬할 만큼 포근하다. 비니 겉면 중심에서 시작해 다시 안쪽 면 중심까지 한번에 뜨고 안으로 접어 완성한다.

프레데릭스베르 비니

사이즈	XXS[XS, S, M, L, XL, 2XL]
머리둘레	42-45[45-48, 48-52, 52-54, 54-56, 56-58, 58-61]㎝
길이	20[22, 23, 24, 25, 26, 26]㎝
실	니팅 포 올리브 메리노(메리노 울 100%, 50g당 250m)
	니팅 포 올리브 소프트 실크 모헤어(실크 30%, 모헤어 70%, 25g당 225m)
수량	메리노(오트밀) 1[1, 1, 1, 2, 2, 2]볼×50g,
	소프트 실크 모헤어(리넨) 2[2, 2, 3, 3, 3, 3]볼×25g
바늘	5㎜ 장갑바늘과 줄바늘, 마커, 스티치 홀더, 돗바늘
게이지	16코 24단(5㎜ 바늘, 니팅 포 올리브 메리노 1가닥과
	소프트 실크 모헤어 2가닥, 10×10㎝ 메리야스뜨기)
약어	**kfb** 겉뜨기 코늘리기

(269쪽 참고)

참고

메리노 1가닥과 소프트 실크 모헤어 2가닥을 함께 뜬다. 실이 쉽게 풀리도록 타래 중앙에서 가닥을 빼어 사용하자. 새로운 실을 가져올 때는 쓰던 실과 새 실 끝부분을 안쪽 면에서 10㎝ 정도 겹쳐 함께 떠준다. 모자 정수리를 뜨면서 코늘림할 때는 더 긴 줄바늘로 바꾼다.

모자

5㎜ 장갑바늘을 사용해 메리노 1가닥과 소프트 실크 모헤어 2가닥으로 8코를 잡는다.
바늘 4개에 2코씩 균등하게 배분한다. 단 시작 부분에 마커를 걸고 원통으로 뜬다.
코가 꼬이지 않도록 주의하자.

아래와 같이 코늘림한다.
1단(늘림단): 단 끝까지 *kfb 2, 마커 걸기* 반복.
총 16코.
2단: 단 끝까지 겉뜨기.
3단(늘림단): 단 끝까지 *kfb, 마커 전 1코 남을 때까지 겉뜨기, kfb, 마커 넘기기* 반복.
총 24코.
2~3단을 48[56, 56, 64, 64, 72, 72]코가 될 때까지 반복한다.

다음 단: 단 끝까지 겉뜨기.

이제 아래와 같이 코늘림한다.
1단(늘림단): 단 끝까지 *kfb, 다음 마커까지 겉뜨기, 마커 넘기기* 반복.
총 52[60, 60, 68, 68, 76, 76]코.
2단: 단 끝까지 겉뜨기.
1단을 1[0, 1, 0, 1, 0, 1]번 더 반복.
총 56[60, 64, 68, 72, 76, 80]코.

이제 콧수 변동 없이 편물이 18[19, 20, 21, 22, 23, 24]㎝가 될 때까지 원통으로
메리야스뜨기한다.

편물을 뒤집어 안면이 보이도록 한다. 이 부분이 이제 겉면이다.

아래와 같이 고무뜨기한다.
1단: 더블스티치 만들기, 겉 1, 안 2, 단 끝까지 *겉 2, 안 2* 반복.
2단: 단 끝까지 *겉 2, 안 2* 반복.

편물이 17[18, 20, 22, 24, 26, 26]㎝가 될 때까지 원통으로 2코 고무뜨기한다.
그다음 원통 메리야스뜨기로 12.5[13, 13.5, 14, 14.5, 15, 15.5]㎝ 더 뜬다.

1단(줄임단): 단 끝까지 *다음 마커 전 2코 남을 때까지 겉뜨기, k2tog, 마커 넘기기* 반복.
2단: 단 끝까지 겉뜨기.
48[52, 56, 60, 64, 68, 72]코가 남을 때까지 1~2단을 반복.
8코 남을 때까지 1단을 반복.

실을 끊고 꼬리실을 남아 있는 8코 안으로 통과시킨다.

마무리

모자를 반으로 접어 마감된 부분을 안으로 밀어 넣으면 두 겹의 두터운 모자가 완성된다. 꼬리실을
이용해 안쪽 모자와 바깥쪽 모자를 정수리에서 꿰매 단단하게 고정한다.
남은 꼬리실을 정리하고 부드럽게 스팀한다.

Darling Wrap

달링 랩 카디건

—

발레복에서 착안한 카디건으로 어디든 잘 어울려 매치하기 좋다. 몸의 실루엣을 자연스럽게 타고 흘러 편안하면서도 우아한 여성미가 돈보인다. 앞자락을 랩처럼 감싸 허리 옆선에서 끈으로 여미는 디자인으로 끈부터 뜨기 시작해 몸통과 진동까지 아래에서 위로 한번에 뜬다. 소매는 원통으로 뜬 다음 몸통과 연결하며 목둘레를 떠서 잇는다. 끝으로 목둘레와 어깨를 아이코드로 마무리한다.

달링 랩 카디건

사이즈	XXS[XS, S, M, L, XL, 2XL, 3XL]
신체 가슴둘레	76-85[86-94, 95-104, 105-113, 114-122, 123-130, 131-139, 140-148]㎝
옷 가슴둘레	65[73, 80, 87, 95, 101, 109, 116]㎝
길이	47[50, 50, 50, 50, 52, 52, 52]㎝
소매 길이	48[49, 50, 49, 48, 48, 48, 48]㎝
실	니팅 포 올리브 메리노(메리노 울 100%, 50g당 250m)
	니팅 포 올리브 소프트 실크 모헤어(실크 30%, 모헤어 70%, 25g당 225m)
수량	메리노(오트밀) 4[4, 5, 5, 6, 6, 6, 7]볼×50g,
	소프트 실크 모헤어(리넨) 4[5, 5, 6, 6, 6, 6, 7]볼×25g
바늘	4㎜ 장갑바늘과 줄바늘, 마커, 스티치 홀더, 돗바늘
게이지	22코 29단(4㎜ 바늘, 니팅 포 올리브 메리노 1가닥과
	소프트 실크 모헤어 1가닥, 10×10㎝ 2코 고무뜨기)
약어	**p2tog** 안뜨기로 2코 모아뜨기
(269쪽 참고)	**sl1(겉)** 겉뜨기 모양으로 1코 걸러뜨기
	k2tog 겉뜨기로 2코 모아뜨기
	m1L(안) 안뜨기 모양으로 왼코 늘리기
	m1R(안) 안뜨기 모양으로 오른코 늘리기
	m1L(겉) 겉뜨기 모양으로 왼코 늘리기
	m1R(겉) 겉뜨기 모양으로 오른코 늘리기
	p2tog-tbl 안뜨기로 2코 모아 꼬아뜨기

참고

메리노 1가닥과 소프트 실크 모헤어 1가닥을 함께 뜬다. 실이 쉽게 풀리도록 타래 중앙에서 가닥을 빼어 사용하자. 새로운 실을 가져올 때는 쓰던 실과 새 실 끝부분을 안쪽 면에서 10㎝ 정도 겹쳐 함께 떠준다.

끈

오른쪽 끈

4mm 장갑바늘을 사용해 메리노 1가닥과 소프트 실크 모헤어 1가닥으로 12코를 잡는다.

준비단(안면): 안 3, 겉 2, 안 2, 겉 2, 안 3.

편물 길이가 70[70, 75, 75, 80, 80, 85, 85]㎝가 될 때까지 패턴에 맞춰 평면으로 뜨고 겉면에서 마친다.

실을 끊는다.

왼쪽 끈

같은 방식으로 뜨되, 실을 끊지 않는다.

몸통

4mm 줄바늘을 사용해 메리노 1가닥과 소프트 실크 모헤어 1가닥으로

앞판 71[79, 79, 87, 87, 91, 95, 99]코 잡기, 마커 걸기,

뒤판 72[80, 88, 96, 104, 112, 120, 128]코 잡기, 마커 걸기,

앞판 71[79, 79, 87, 87, 91, 95, 99]코 잡기. 실을 끊는다.

총 214[238, 246, 270, 278, 294, 310, 326]코.

참고: 이제 한 바늘에 몸통과 끈 2개를 연결한다. 각 모서리에 마커를 1개씩 넣고 앞판 형태를 만든다. 마커는 특별한 지시가 없는 한 넘기면서 뜬다.

끈과 몸통 연결하기

실타래에 연결된 왼쪽 끈을 먼저 작업한다. 안면이 보이도록 한 다음 아래와 같이 뜬다.

1단(안면): 왼쪽 끈(실이 연결된)을 먼저 패턴에 맞춰 뜨기, 그다음 몸통을 2코 남을 때까지 *겉 2, 안 2* 반복, 겉 2, 오른쪽 끈을 바늘로 옮겨 단 끝까지 패턴에 맞춰 뜨기.

총 238[262, 270, 294, 302, 318, 334, 350]코.

2단(줄임단, 겉면): 처음 10코를 패턴에 맞춰 뜨기, 마커 걸기, 겉 1, p2tog, 13코 남을 때까지 패턴에 맞춰 뜨기, p2tog, 겉 1, 마커 걸기, 단 끝까지 패턴에 맞춰 뜨기.

총 236[260, 268, 292, 300, 316, 332, 348]코.

3단(안면): 단 끝까지 패턴에 맞춰 뜨기.

참고: 이제 경사뜨기로 가장자리 형태를 잡는다. 더블스티치는 모두 1코로 뜬다.

경사뜨기 및 몸통 뜨기

1단(줄임단, 겉면): 처음 마커까지 패턴에 맞춰 뜨기, 마커 넘기기, sl1(겉), 겉 1, 걸러뜬 코로 덮어씌우기, 다음 마커 전 2코 남을 때까지 패턴에 맞춰 뜨기, k2tog, 마커 넘기기, 다음 4코를 패턴에 맞춰 뜨기, 편물 뒤집기.
총 234[258, 266, 290, 298, 314, 330, 346]코.

2단(안면): 더블스티치 만들기, 반대쪽 마커까지 패턴에 맞춰 뜨기, 마커 넘기기, 다음 4코를 패턴에 맞춰 뜨기, 편물 뒤집기.

3단(줄임단, 겉면): 더블스티치 만들기, 처음 마커까지 패턴에 맞춰 뜨기, 마커 넘기기, sl1(겉), 겉 1, 걸러뜬 코로 덮어씌우기, 다음 마커 전 2코 남을 때까지 패턴에 맞춰 뜨기, k2tog, 마커 넘기기, 다음 8코를 패턴에 맞춰 뜨기, 편물 뒤집기.
총 232[256, 264, 288, 296, 312, 328, 344]코.

4단(안면): 더블스티치 만들기, 반대쪽 마커까지 패턴에 맞춰 뜨기, 마커 넘기기, 다음 8코를 패턴에 맞춰 뜨기, 편물 뒤집기.

참고: 다음 단에서 코막음을 해 끈을 두를 때 통과해서 당길 수 있는 트임을 만든다.

5단(줄임단, 겉면): 더블스티치 만들기, 처음 마커 전까지 패턴에 맞춰 뜨기, 마커 넘기기, sl1(겉), 겉 1, 걸러뜬 코로 덮어씌우기, 다음 마커 전 7코 남을 때까지 패턴에 맞춰 뜨기, 패턴에 맞춰 6코 코막음(트임), 다음 마커 전 2코 남을 때까지 패턴에 맞춰 뜨기, k2tog, 마커 넘기기, 단 끝까지 패턴에 맞춰 뜨기.
총 224[248, 256, 280, 288, 304, 320, 336]코.

6단(안면): 이전 단에서 코막음한 곳 전까지 패턴에 맞춰 뜨기, 오른쪽 바늘에 6코 잡기, 단 끝까지 패턴에 맞춰 뜨기.

참고: 새로 잡은 6코는 다음 단에서 안 2, 겉 2, 안 2로 뜬다.

7단(줄임단, 겉면): 처음 마커까지 패턴에 맞춰 뜨기, 마커 넘기기, sl1(겉), 겉 1, 걸러뜬 코로 덮어씌우기, 다음 마커 전 2코 남을 때까지 패턴에 맞춰 뜨기, k2tog, 마커 넘기기, 단 끝까지 패턴에 맞춰 뜨기.

8단(안면): 단 끝까지 패턴에 맞춰 뜨기.

7~8단을 31[31, 31, 31, 31, 35, 35, 35]번 더 반복.
총 166[190, 198, 222, 230, 238, 254, 270]코.

7단을 1번 더 반복.
총 164[188, 196, 220, 228, 236, 252, 268]코.

XXS, XS, S 사이즈

8단을 1번 더 반복한다. 총 164[188, 196]코.

실을 끊지 않는다.

M, L, XL, 2XL, 3XL 사이즈

참고: 이제 진동을 만들기 위해 코막음을 해주고 마커를 제거한다.

다음 단(안면): *다음 마커 전 4[4, 4, 8, 12]코 남을 때까지 패턴에 맞춰 뜨기,
8[8, 8, 16, 24]코막음, 마커 제거*, *~*를 1번 더 반복, 단 끝까지 패턴에 맞춰 뜨기.
총 204[212, 220, 220, 220]코.

실을 끊지 않는다.

소매(양쪽 동일)

4mm 장갑바늘이나 줄바늘을 사용해 메리노 1가닥과 소프트 실크 모헤어 1가닥으로
44[44, 44, 44, 48, 48, 52, 52]코를 잡는다. 시작 마커를 걸고 원통으로 뜬다.
코가 꼬이지 않도록 주의하자.

준비단: 겉 1, 안 2, 1코 남을 때까지 *겉 2, 안 2* 반복, 겉 1.
패턴에 맞춰 준비단을 11번 더 반복.

참고: 이제 코를 늘리면서 소매를 만든다. *~* 사이의 과정을 반복한다.

***1단(늘림단):** 겉 1, m1L(안), 1코 남을 때까지 패턴에 맞춰 뜨기, m1R(안), 겉 1.
콧수 변동 없이 패턴에 맞춰 11[8, 8, 6, 6, 6, 6, 5]단을 더 뜬다.

2단(늘림단): 겉 1, m1L(안), 1코 남을 때까지 패턴에 맞춰 뜨기, m1R(안), 겉 1.
콧수 변동 없이 패턴에 맞춰 11[8, 8, 6, 6, 6, 6, 5]단을 더 뜬다.

3단(늘림단): 겉 1, 안 2, m1L(겉), 3코 남을 때까지 패턴에 맞춰 뜨기, m1R(겉), 안 2, 겉 1.
4단(늘림단): 겉 1, 안 2, m1L(겉), 3코 남을 때까지 패턴에 맞춰 뜨기, m1R(겉), 안 2, 겉 1. 콧수
변동없이 패턴에 맞춰 22[16, 16, 12, 12, 12, 12, 10]단을 더 뜬다.*
*~*를 1[2, 2, 3, 3, 3, 3, 4]번 더 반복한다.
총 60[68, 68, 76, 80, 80, 84, 92]코.

참고: 아래와 같이 늘림단을 뜨면서 소매 형태 만들기를 계속한다.

1단(늘림단): 겉 1, m1L(안), 1코 남을 때까지 패턴에 맞춰 뜨기, m1R(안), 겉 1.
총 62[70, 70, 78, 82, 82, 86, 94]코.
콧수 변동 없이 패턴에 맞춰 11[8, 8, 6, 6, 6, 6, 5]단을 더 뜬다.

2단(늘림단): 겉 1, m1L(안), 1코 남을 때까지 패턴에 맞춰 뜨기, m1R(안), 겉 1.
총 64[72, 72, 80, 84, 84, 88, 96]코.
콧수 변동 없이 패턴에 맞춰 11[8, 8, 6, 6, 6, 6, 5]단을 더 뜬다.

3단(늘림단): 겉 1, 안 2, m1L, 3코 남을 때까지 패턴에 맞춰 뜨기, m1R, 안 2, 겉 1.
총 66[74, 74, 82, 86, 86, 90, 98]코.

4단(늘림단): 겉 1, 안 2, m1L, 3코 남을 때까지 패턴에 맞춰 뜨기, m1R, 안 2, 겉 1.
총 68[76, 76, 84, 88, 88, 92, 100]코.

소매 길이가 48[49, 50, 49, 48, 48, 48, 48]㎝ 혹은 선호하는 소매 길이가 될 때까지 패턴에 맞춰 원통으로 뜬다.
참고: 카디건을 착용하면 편물이 당겨지면서 소매 길이가 최대 4㎝까지 짧아진다.

XXS, XS, S 사이즈
실을 끊는다.
두 번째 소매도 동일하게 만들고 몸통과 연결한다.

M, L, XL, 2XL, 3XL 사이즈
참고: 이제 진동을 위해 코막음하고 마커를 제거한다.
다음단: 4[4, 4, 8, 12]코 남을 때까지 패턴에 맞춰 뜨기, 8[8, 8, 16, 24]코를 패턴에 맞춰 코막음.
총 76[80, 80, 76, 76]코.

실을 끊는다.
두 번째 소매도 동일하게 만들고 몸통과 연결한다.

몸통과 소매 연결하기
이제 몸통과 소매를 한 바늘에 연결하고 래글런 마커를 달아준다. 오른쪽 앞판부터 작업한다.

XXS, XS, S 사이즈

오른쪽 앞판 겉면을 보고 마커까지 패턴에 맞춰 뜨기, 마커 넘기기, sl1(겉), 겉 1, 걸러뜬 코로 덮어씌우기, *마커까지 패턴에 맞춰 뜨기, 마커 넘기기.
몸통 뜨는 바늘로 매직 루프를 이용해 한쪽 소매를 아래와 같이 뜬다.
소매에 해당하는 코의 절반을 패턴에 맞춰 뜨기, 오른쪽 바늘을 당겨 바늘의 줄이 최대 15㎝까지 보이도록 하기, 나머지 코를 패턴에 맞춰 뜨기, 마커 걸기*, *~*를 1번 더 반복.

반대쪽 밴드 마커 전 2코가 남을 때까지 패턴에 맞춰 뜨고 k2tog, 마커 넘기기, 단 끝까지 패턴에 맞춰 뜨기.

M, L, XL, 2XL, 3XL 사이즈

오른쪽 앞판 겉면을 보고 마커까지 패턴에 맞춰 뜨기, 마커 넘기기, sl1(겉), 겉 1, 걸러뜬 코로 덮어씌우기, *진동둘레 전까지 패턴에 맞춰 뜨기, 마커 걸기.
몸통 뜨는 바늘로 매직 루프를 이용해 한쪽 소매를 아래와 같이 뜬다.
소매에 해당하는 코의 절반을 패턴에 맞춰 뜨기, 오른쪽 바늘을 당겨 바늘의 줄이 최대 15㎝까지 보이도록 하기, 나머지 코를 패턴에 맞춰 뜨기, 마커 걸기*, *~*를 1번 더 반복.

반대쪽 밴드 마커 전 2코가 남을 때까지 패턴에 맞춰 뜨고 k2tog, 마커 넘기기, 단 끝까지 패턴에 맞춰 뜨기.

모든 사이즈

총 298[338, 346, 354, 370, 378, 370, 370]코.

다음 단: 단 끝까지 패턴에 맞춰 뜨기.
참고: 계속 매직 루프로 뜨다가 충분한 공간이 생겨 필요 없어지면 멈춘다.

래글런 소매 코줄임

참고: 이제부터 앞판 형태를 잡으면서 2단에 1번 래글런 코줄임하여 요크를 뜬다.
1단(줄임단, 겉면): 첫 번째 밴드 마커까지 패턴에 맞춰 뜨기, 마커 넘기기, sl1(겉), 겉 1, 걸러뜬 코로 덮어씌우기, *다음 래글런 마커 전 2코 남을 때까지 패턴에 맞춰 뜨기, k2tog, 마커 넘기기, sl1(겉), 겉 1, 걸러뜬 코로 덮어씌우기*, *~*를 3번 더 반복, 반대쪽 가장자리 마커 전 2코 남을 때까지 패턴에 맞춰 뜨기, k2tog, 마커 넘기기, 단 끝까지 패턴에 맞춰 뜨기.

2단(안면): 단 끝까지 패턴에 맞춰 뜨기.
1~2단을 10[14, 14, 18, 18, 18, 18, 18]번 더 반복.
총 188[188, 196, 164, 180, 188, 180, 180]코.

래글런 소매 추가 코줄임

1단(줄임단, 겉면): 첫 번째 밴드 마커까지 패턴에 맞춰 뜨기, 마커 제거, *다음 마커 전 2코 남을 때까지 패턴에 맞춰 뜨기, k2tog, 마커 넘기기, sl1(겉), 겉 1, 걸러뜬 코로 덮어씌우기*, *~*를 3번 더 반복, 반대쪽 밴드 마커까지 패턴에 맞춰 뜨기, 마커 제거, 단 끝까지 패턴에 맞춰 뜨기.
총 180[180, 188, 156, 172, 180, 172, 172]코.

2단(안면): 단 끝까지 패턴에 맞춰 뜨기.

3단(줄임단, 겉면): *다음 마커 전 2코 남을 때까지 패턴에 맞춰 뜨기, k2tog, 마커 넘기기, sl1(겉), 겉 1, 걸러뜬 코로 덮어씌우기*, *~*를 3번 더 반복, 단 끝까지 패턴에 맞춰 뜨기.

4단(안면): 단 끝까지 패턴에 맞춰 뜨기.

3~4단을 14[14, 14, 10, 10, 10, 10, 10]번 더 반복.
총 60[60, 68, 68, 84, 92, 84, 84]코.

다음 단(줄임단, 겉면): 다음 마커 전 2코 남을 때까지 패턴에 맞춰 뜨기, k2tog, 마지막 마커까지 패턴에 맞춰 뜨기, 마커 넘기기, sl1(겉), 겉 1, 걸러뜬 코로 덮어씌우기, 단 끝까지 패턴에 맞춰 뜨기.
총 58[58, 66, 66, 82, 90, 82, 82]코.

다음 단(안면): 단 끝까지 패턴에 맞춰 뜨기.

넥밴드

경사뜨기로 목 형태 잡기

1단(줄임단, 겉면): 겉 3, p2tog, 겉 1, 마커 넘기기, sl1(겉), 겉 1, 걸러뜬 코로 덮어씌우기, *다음 마커 전 2코 남을 때까지 패턴에 맞춰 뜨기, k2tog, 마커 넘기기, sl1(겉), 겉 1, 걸러뜬 코로 덮어씌우기*, *~*를 1번 더 반복, 다음 마커 전 2코 남을 때까지 패턴에 맞춰 뜨기, k2tog, 마커 넘기기, 겉 1, 편물 뒤집기.

2단(안면): 더블스티치 만들기, 마커 넘기기, 4코 남을 때까지 패턴에 맞춰 뜨기, 편물 뒤집기.

3단(줄임단, 겉면): 더블스티치 만들기, 5코 남을 때까지 패턴에 맞춰 뜨기, 마커 제거, p2tog, 겉 3.

4단(줄임단, 안면): 안 2, p2tog, 안 1, 패턴에 맞춰 2코막음, 4코 남을 때까지 패턴에 맞춰 뜨기(더블스티치 코 안뜨기), sl2(겉), 걸러뜬 2코 다시 왼쪽 바늘로 옮기기, p2tog-tbl, 안 2.
총 48[48, 56, 56, 72, 80, 72, 72]코.

아이코드 넥밴드

XXS, XS, S, M 사이즈

다음 단(겉면): *겉 3, sl1(겉), 겉 1, 걸러뜬 코로 덮어씌우기, 오른쪽 바늘의 4코를 왼쪽 바늘로 옮기기*, *~*를 왼쪽 바늘에 9코 남을 때까지 반복, 겉 3, sl1(겉), 겉 1, 걸러뜬 코로 덮어씌우기.
이제 양쪽 바늘에 각각 4코가 있다. 돗바늘로 양쪽을 꿰매 잇는다.

L, XL, 2XL, 3XL 사이즈

왼쪽 바늘의 첫 2코가 안뜨기 코일 때마다 p2tog해서 코줄임한다.
다음 단(겉면): *겉 3, sl1(겉), 겉 1 혹은 p2tog, 걸러뜬 코로 덮어씌우기, 오른쪽 바늘의 4코를 왼쪽 바늘로 다시 옮기기*, *~*를 왼쪽 바늘에 9코 남을 때까지 반복, 겉 3, sl1(겉), 겉 1, 걸러뜬 코로 덮어씌우기.
이제 양쪽 바늘에 각각 4코가 있다. 돗바늘로 양쪽을 꿰매 잇는다.

마무리

남아 있는 꼬리실을 정리하고 소매 겨드랑이에 구멍이 있다면 꿰맨다.
뒤집어서 부드럽게 스팀한다.

Aviaya Sweater

아비아야 스웨터

—

단정한 기본 스타일에 현대적 감각을 더해 편안하면서도 심플한 멋을 살렸다. 하프 피셔맨 립 특유의 잔잔한 골지 무늬가 클래식한 피셔맨 스웨터를 더욱 돋보이게 한다. 뒤판 중앙에서 평면뜨기하여 어깨를 먼저 완성하고, 그다음 어깨에서 코를 주워 다시 평면뜨기로 요크를 뜬다. 앞판과 뒤판을 연결하여 몸통은 탑다운으로 원통으로 뜬다. 소매 역시 원통으로 작업하며 이탈리아식 코막음 기법으로 마무리한다. 마지막으로 목둘레에서 코를 주워 원통으로 넥밴드를 만들고, 깔끔하면서도 신축성 있는 이탈리아식 코막음 기법으로 완성한다.

아비아야 스웨터

사이즈	XXS[XS, S, M, L, XL, 2XL, 3XL]
신체 가슴둘레	76-85[86-94, 95-104, 105-113, 114-122, 123-130, 131-139, 140-148]㎝
옷 가슴둘레	106[110, 114, 116, 120, 124, 132, 142]㎝
길이	51[53, 55, 57, 59, 61, 63, 65]㎝
소매 길이	47[48, 48, 48, 49, 49, 49, 49]㎝
실	니팅 포 올리브 메리노(메리노 울 100%, 50g당 250m)
	니팅 포 올리브 소프트 실크 모헤어(실크 30%, 모헤어 70%, 25g당 225m)
수량	메리노(노르딕 비치) 6[6, 6, 6, 7, 7, 8, 9]볼×50g,
	소프트 실크 모헤어(오트) 6[6, 7, 7, 7, 8, 9, 10]볼×25g
바늘	3.5㎜ 장갑바늘과 줄바늘, 마커, 스티치 홀더, 돗바늘
게이지	20코 44단(3.5㎜ 바늘, 니팅 포 올리브 메리노 1가닥과
	소프트 실크 모헤어 1가닥, 10×10㎝ 하프 피셔맨 립 뜨기)
약어	**m1R(겉)** 겉뜨기 모양으로 오른코 늘리기
(269쪽 참고)	**m1L(겉)** 겉뜨기 모양으로 왼코 늘리기
	p3tog 안뜨기로 3코 모아뜨기
기법	아랫단 겉 1, 아랫단 겉 1(늘림), 이탈리아식 코막음(266~267쪽 참고)

참고

메리노 1가닥과 소프트 실크 모헤어 1가닥을 함께 뜬다. 실이 쉽게 풀리도록 타래 중앙에서 가닥을 빼어 사용하자. 새로운 실을 가져올 때는 쓰던 실과 새 실 끝부분을 안쪽 면에서 10㎝ 정도 겹쳐 함께 떠준다.

오른쪽 어깨와 목

3.5mm 줄바늘을 사용해 메리노 1가닥과 소프트 실크 모헤어 1가닥으로
11[11, 11, 11, 13, 13, 13, 13]코를 잡는다.
다음 단: 단 끝까지 겉뜨기.

아래와 같이 평면으로 하프 피셔맨 립 뜨기.
1단(겉면): 겉 1, 2코 남을 때까지 *아랫단 겉 1, 안 1* 반복, 아랫단 겉 1, 겉 1.
2단: 단 끝까지 겉뜨기.
1~2단을 6[6, 6, 6, 6, 6, 8, 8]번 더 반복.

오른쪽 뒷목 형태 잡기

1단(늘림단): 겉 1, *아랫단 겉 1, 안 1*, *~*를 1[1, 1, 1, 2, 2, 2, 2]번 더 반복, 아랫단 겉 1(늘림), 안 1, 아랫단 겉 1, 안 1, 아랫단 겉 1, 겉 1.
2단: 단 끝까지 겉뜨기.
3단: 겉 1, 2코 남을 때까지 *아랫단 겉 1, 안 1* 반복, 아랫단 겉 1, 겉 1.
4단: 단 끝까지 겉뜨기.
5단: 겉 1, *아랫단 겉 1, 안 1*, *~*를 2[2, 2, 2, 3, 3, 3, 3]번 더 반복, 아랫단 겉 1(늘림), 안 1, 아랫단 겉 1, 안 1, 아랫단 겉 1, 겉 1.
6단: 단 끝까지 겉뜨기.
7단: 겉 1, 2코 남을 때까지 *아랫단 겉 1, 안 1* 반복, 아랫단 겉 1, 겉 1.
8단: 단 끝까지 겉뜨기.
9단: 겉 1, *아랫단 겉 1, 안 1*, *~*를 3[3, 3, 3, 4, 4, 4, 4]번 더 반복, 아랫단 겉 1(늘림), 안 1, 아랫단 겉 1, 안 1, 아랫단 겉 1, 겉 1.
총 17[17, 17, 17, 19, 19, 19, 19]코.

오른쪽 바늘의 마지막 겉뜨기 코 다음에 18[18, 18, 18, 20, 20, 20, 20]코를 잡는다.
10단: 단 끝까지 겉뜨기.
11단: 겉 1, 2코 남을 때까지 *아랫단 겉 1, 안 1* 반복, 아랫단 겉 1, 겉 1.
총 35[35, 35, 35, 39, 39, 39, 39]코.

오른쪽 앞목 형태 잡기

1단: 겉 3, 편물 뒤집기.

2단: 더블스티치 만들기, 아랫단 겉 1, 겉 1.

3단: 겉 5, 편물 뒤집기.

4단: 더블스티치 만들기, 아랫단 겉 1, 안 1, 아랫단 겉 1, 겉 1.

5단: 겉 7, 편물 뒤집기.

6단: 더블스티치 만들기, *아랫단 겉 1, 안 1*, *~*를 1번 더 반복, 아랫단 겉 1, 겉 1.

7단: 겉 9, 편물 뒤집기.

8단: 더블스티치 만들기, *아랫단 겉 1, 안 1*, *~*를 2번 더 반복, 아랫단 겉 1, 겉 1.

9단: 단 끝까지 겉뜨기.

아래와 같이 평면으로 하프 피셔맨 립을 계속 뜬다.

1단(겉면): 겉 1, 2코 남을 때까지 *아랫단 겉 1, 안 1* 반복, 아랫단 겉 1, 겉 1.

2단: 단 끝까지 겉뜨기.

1~2단을 29[29, 31, 31, 33, 33, 33, 35]번 더 반복.

1단을 1번 더 반복.

어깨 코를 스티치 홀더나 자투리 실에 옮긴다. 실을 끊는다.

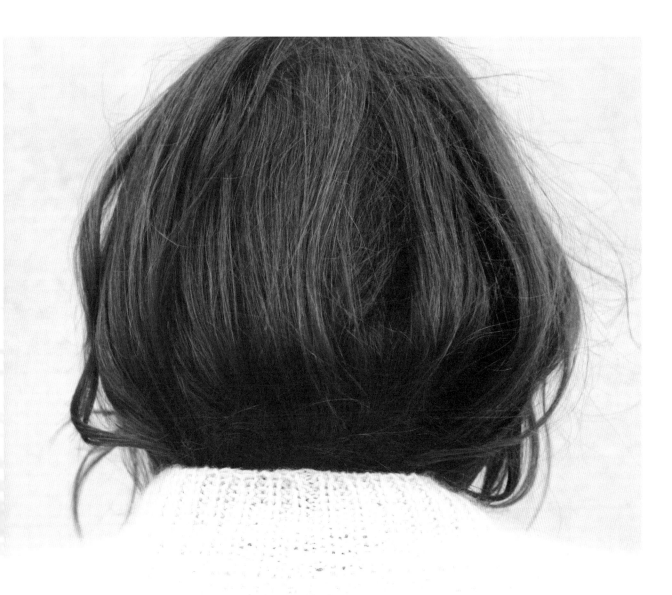

왼쪽 어깨와 목

3.5mm 줄바늘을 사용해 메리노 1가닥과 소프트 실크 모헤어 1가닥으로 오른쪽 어깨와 목을 뜬 편물 겉면을 보고 오른쪽 어깨와 목의 코 잡은 단에서 11[11, 11, 11, 13, 13, 13, 13]코를 줍는다.

다음 단: 단 끝까지 겉뜨기.

아래와 같이 하프 피셔맨 립을 평면으로 뜬다.

1단(겉면): 겉 1, 2코 남을 때까지 *아랫단 겉 1, 안 1* 반복, 아랫단 겉 1, 겉 1.

2단: 단 끝까지 겉뜨기.

1~2단을 6[6, 6, 6, 6, 6, 8, 8]번 더 반복.

왼쪽 뒷목 형태 잡기

1단(늘림단): 겉 1, 아랫단 겉 1, 안 1, 아랫단 겉 1, 안 1, 아랫단 겉 1(늘림), *안 1, 아랫단 겉 1*, *~*를 1[1, 1, 1, 2, 2, 2, 2]번 더 반복, 겉 1.

2단: 단 끝까지 겉뜨기.

3단: 겉 1, 2코 남을 때까지 *아랫단 겉 1, 안 1* 반복, 아랫단 겉 1, 겉 1.

4단: 단 끝까지 겉뜨기.

5단: 겉 1, 아랫단 겉 1, 안 1, 아랫단 겉 1, 안 1, 아랫단 겉 1(늘림), 안 1, *아랫단 겉 1, 안 1*, *~*를 1[1, 1, 1, 2, 2, 2, 2]번 더 반복.

총 15[15, 15, 15, 17, 17, 17, 17]코.

6단: 단 끝까지 겉뜨기.

7단: 겉 1, 2코 남을 때까지 *아랫단 겉 1, 안 1* 반복, 아랫단 겉 1, 겉 1.

8단: 단 끝까지 겉뜨기.

오른쪽 바늘의 마지막 겉뜨기 코 다음에 18[18, 18, 18, 20, 20, 20, 20]코를 잡는다.

9단: 겉 18[18, 18, 18, 20, 20, 20, 20], 겉 1, *아랫단 겉 1, 안 1*, *~*를 1번 더 반복, 아랫단 겉 1(늘림), 안 1, *아랫단 겉 1, 안 1*, *~*를 2[2, 2, 2, 3, 3, 3, 3]번 더 반복, 아랫단 겉 1, 겉 1.

10단: 단 끝까지 겉뜨기.

총 35[35, 35, 35, 39, 39, 39, 39]코.

왼쪽 앞목 형태 잡기

1단: 겉 1, 아랫단 겉 1, 안 1, 편물 뒤집기.

2단: 더블스티치 만들기, 겉 2.

3단: 겉 1, *아랫단 겉 1, 안 1*, *~*를 1번 더 반복, 편물 뒤집기.

4단: 더블스티치 만들기, 겉 4.

5단: 겉 1, *아랫단 겉 1, 안 1*, *~*를 2번 더 반복, 편물 뒤집기.

6단: 더블스티치 만들기, 겉 6.

7단: 겉 1, *아랫단 겉 1, 안 1*, *~*를 3번 더 반복, 편물 뒤집기.

8단: 더블스티치 만들기, 겉 8.

아래와 같이 하프 피셔맨 립을 평면으로 뜬다.

1단(겉면): 겉 1, 2코 남을 때까지 *아랫단 겉 1, 안 1* 반복, 아랫단 겉 1, 겉 1.

2단: 단 끝까지 겉뜨기.

1~2단을 30[30, 32, 32, 34, 34, 34, 36]번 더 반복.

1단을 1번 더 반복.

어깨 코를 스티치 홀더나 자투리 실에 옮긴다. 실을 끊는다.

앞판

겉면을 보고, 오른쪽 어깨 앞판부터 왼쪽 어깨 앞판까지 다음과 같이 코를 줍는다. 오른쪽 어깨 앞판부터 중앙까지 아랫단 겉뜨기 코에서 1코씩 주워 총 35[35, 37, 37, 39, 39, 39, 41]코를 줍는다. 다음 오른쪽 앞판 마지막 겉뜨기 코에서 1코를 줍고, 오른쪽 바늘에 17[17, 17, 17, 17, 17, 19, 19]코를 잡고, 다시 왼쪽 앞판 어깨 가장자리를 따라 아랫단 겉뜨기 코에서 1코씩 주워 총 36[36, 38, 38, 40, 40, 40, 42]코를 줍는다.

총 89[89, 93, 93, 97, 97, 99, 103]코.

다음 단: 단 끝까지 겉뜨기.

다음 단(늘림단): 겉 1, m1L(겉), 안 1, 1코 남을 때까지 *아랫단 겉 1, 안 1* 반복, m1R(겉), 겉 1.

총 91[91, 95, 95, 99, 99, 101, 105]코.

다음 단: 단 끝까지 겉뜨기.

아래와 같이 평면으로 하프 피셔맨 립을 뜬다.

1단(겉면): 겉 1, 2코 남을 때까지 *아랫단 겉 1, 안 1* 반복, 아랫단 겉 1, 겉 1.

2단: 단 끝까지 겉뜨기.

1~2단을 19[19, 19, 19, 21, 21, 21, 21]번 더 반복.

소매 진동 늘림

1단(늘림단): 겉 1, 아랫단 겉 1, 안 1, 아랫단 겉 1, 안 1, 아랫단 겉 1(늘림), 안 1, 6코 남을 때까지 *아랫단 겉 1, 안 1* 반복, 아랫단 겉 1(늘림), 안 1, 아랫단 겉 1, 안 1, 아랫단 겉 1, 겉 1.

2단: 단 끝까지 겉뜨기.

3단: 겉 1, 2코 남을 때까지 *아랫단 겉 1, 안 1* 반복, 아랫단 겉 1, 겉 1.

4단: 단 끝까지 겉뜨기.

1~4단을 2번 더 반복.

총 103[103, 107, 107, 111, 111, 113, 117]코.

스티치 홀더나 자투리 실에 코를 옮긴다. 실을 끊고 쉬게 둔다.

뒤판

겉면을 보고 왼쪽 어깨 뒤판부터 오른쪽 어깨 뒤판 가장자리를 따라 아랫단 겉뜨기 코 옆에서 각 1코씩 주워 총 89[89, 93, 93, 97, 97, 99, 103]코를 줍는다.

다음 단: 단 끝까지 겉뜨기.

다음 단(늘림단): 겉 1, m1L(겉), 안 1, 1코 남을 때까지 *아랫단 겉 1, 안 1* 반복, m1R(겉), 겉 1.

총 91[91, 95, 95, 99, 99, 101, 105]코.

다음 단: 단 끝까지 겉뜨기.

아래와 같이 하프 피셔맨 립으로 계속 평면뜨기한다.

1단(겉면): 겉 1, 2코 남을 때까지 *아랫단 겉 1, 안 1* 반복, 아랫단 겉 1, 겉 1.

2단: 단 끝까지 겉뜨기.

1~2단을 19[19, 19, 19, 21, 21, 21, 21]번 더 반복.

소매 진동 늘림

1단(늘림단): 겉 1, 아랫단 겉 1, 안 1, 아랫단 겉 1, 안 1, 아랫단 겉 1(늘림), 안 1, 6코 남을 때까지 *아랫단 겉 1, 안 1* 반복, 아랫단 겉 1(늘림), 안 1, 아랫단 겉 1, 안 1, 아랫단 겉 1, 겉 1.

2단: 단 끝까지 겉뜨기.

3단: 겉 1, 2코 남을 때까지 *아랫단 겉 1, 안 1* 반복, 아랫단 겉 1, 겉 1.

4단: 단 끝까지 겉뜨기.

1~4단을 2번 더 반복.

총 103[103, 107, 107, 111, 111, 113, 117]코.

몸통

뒤판과 앞판 잇기

겉면을 보고 뒤판과 앞판을 아래와 같이 연결하여 원통으로 뜬다.

준비단: 안 1, *아랫단 겉 1, 안 1*, *~*를 뒤판 코 끝까지 반복, 오른쪽 바늘에 겨드랑이 감아코 3[7, 7, 9, 9, 13, 19, 25]코 잡기, 안 1, *아랫단 겉 1, 안 1*, *~*를 앞판 코 끝까지 반복, 오른쪽 바늘에 겨드랑이 감아코 3[7, 7, 9, 9, 13, 19, 25]코 잡기.
총 212[220, 228, 232, 240, 248, 264, 284]코.

시작 마커를 걸고 코가 꼬이지 않도록 주의하며 아래와 같이 원통으로 연결하여 뜬다.

다음 단: 단 끝까지 안뜨기.

아래와 같이 하프 피셔맨 립을 원통으로 계속 뜬다.
1단: 안 1, 1코 남을 때까지 *아랫단 겉 1, 안 1* 반복, 아랫단 겉 1.
2단: 단 끝까지 안뜨기.
어깨부터의 길이가 51[53, 55, 57, 59, 61, 63, 65]㎝, 혹은 선호하는 길이가 될 때까지 1~2단을 반복한다.

다음 단: 안 1, 1코 남을 때까지 *아랫단 겉 1, 안 1* 반복, 아랫단 겉 1.
이탈리아식 코막음 기법으로 마무리한다.

소매(양쪽 동일)

소매 코줍기

겉면을 보고, 3.5㎜ 장갑바늘을 사용해 메리노 1가닥과 소프트 실크 모헤어 1가닥으로 아래와 같이 소매 둘레에서 코를 줍는다.

준비단: 스티치 홀더나 자투리 실에 있는 어깨 35[35, 35, 35, 39, 39, 39, 39]코를 바늘로 옮기고, 어깨에서 겨드랑이까지 내려가며 아랫단 겉뜨기 코에서 각 1코씩 27[27, 27, 27, 29, 29, 29, 29]코를 줍고, 겨드랑이 감아코에서 3[7, 7, 9, 9, 13, 19, 25]코를 줍고, 다시 어깨까지 위로 올라가며 아랫단 겉뜨기 코에서 각 1코씩 27[27, 27, 27, 29, 29, 29, 29]코씩 줍기.
총 92[96, 96, 98, 106, 110, 116, 122]코. 실을 끊는다.

오른쪽 바늘에서 왼쪽 바늘로 28[30, 30, 32, 34, 36, 38, 42]코를 옮기고 시작 마커를 건 후 다시 실을 연결한다.
다음 단: 단 끝까지 안뜨기.

소매 경사뜨기

1단: 안 1, 시작 마커 전 9코 남을 때까지 *아랫단 겉 1, 안 1* 반복, 편물 뒤집기.

2단: 더블스티치 만들기, 시작 마커 전 8코 남을 때까지 겉뜨기, 편물 뒤집기.

3단: 더블스티치 만들기, *아랫단 겉 1, 안 1*, *~*를 이전 단에서 만든 더블스티치 다음 2코까지 반복, 편물 뒤집기.

4단: 더블스티치 만들기, 이전 단에서 만든 더블스티치 다음 2코까지 겉뜨기, 편물 뒤집기.

3~4단을 2번 더 반복.

다음 단: 더블스티치 만들기, 시작 마커 전 1코 남을 때까지 *아랫단 겉 1, 안 1* 반복, 아랫단 겉 1.

다음 단: 단 끝까지 안뜨기.

다음 단: 안 1, 1코 남을 때까지 *아랫단 겉 1, 안 1* 반복, 아랫단 겉 1.

아래와 같이 하프 피셔맨 립을 계속 원통으로 뜬다.

1단(줄임단): 안 2, p3tog, 6코 남을 때까지 안뜨기, p3tog, 안 3.

2단: 안 1, 1코 남을 때까지 *아랫단 겉 1, 안 1* 반복, 아랫단 겉 1.

3단, 5단, 7단: 단 끝까지 겉뜨기.

4단, 6단, 8단: 안 1, 1코 남을 때까지 *아랫단 겉 1, 안 1* 반복, 아랫단 겉 1.

1~8단을 2[2, 2, 2, 3, 3, 4, 5]번 더 반복.

총 80[84, 84, 86, 90, 94, 96, 98]코.

아래와 같이 하프 피셔맨 립을 계속 원통으로 뜬다.

1단(줄임단): 안 2, p3tog, 6코 남을 때까지 안뜨기, p3tog, 안 3.

2단: 안 1, 1코 남을 때까지 *아랫단 겉 1, 안 1* 반복, 아랫단 겉 1.

3, 5, 7, 9, 11, 13, 15, 17단: 단 끝까지 안뜨기.

4, 6, 8, 10, 12, 14, 16, 18단: 안 1, 1코 남을 때까지 *아랫단 겉 1, 안 1* 반복, 아랫단 겉 1.

1~18단을 7[7, 7, 7, 8, 8, 8, 8]번 더 반복.

총 48[52, 52, 54, 54, 58, 60, 62]코.

아래와 같이 하프 피셔맨 립을 계속 원통으로 뜬다.
1단: 단 끝까지 안뜨기.
2단: 안 1, 1코 남을 때까지 *아랫단 겉 1, 안 1* 반복, 아랫단 겉 1.
코줍기한 부분부터 소매 길이가 47[48, 48, 48, 49, 49, 49, 49]㎝,
혹은 선호하는 길이가 될 때까지 1~2단을 반복한다.

이탈리아식 코막음 기법으로 마무리한다.

넥밴드

목둘레 코줍기
겉면을 보고 3.5㎜ 장갑바늘을 사용해 메리노 1가닥과 소프트 실크 모헤어 1가닥으로
뒤판 중앙에서 시작해 목둘레를 따라가며 아래와 같이 코를 줍는다.
준비단: 왼쪽 목과 어깨를 따라 앞판 가장자리 코줍기한 부분까지 31[31, 31, 31, 33, 33, 35,
35]코(목둘레는 아랫단 겉뜨기 코에서 각 1코씩, 어깨는 각 코마다 1코씩), 앞판을 따라
반대편 어깨까지 각 코마다 1코씩 총 19[19, 19, 19, 19, 19, 21, 21]코, 오른쪽 어깨와 목에서
뒤판 중앙까지 30[30, 30, 30, 32, 32, 34, 34]코(어깨는 각 코마다 1코씩, 목둘레는 아랫단
겉뜨기 코에서 각 1코씩)를 줍고, 시작 부분에 마커를 건다.
총 80[80, 80, 80, 84, 84, 90, 90]코.

다음 단: 단 끝까지 안뜨기.

아래와 같이 하프 피셔맨 립을 계속 원통으로 뜬다.
1단: 단 끝까지 *아랫단 겉 1, 안 1* 반복.
2단: 단 끝까지 안뜨기.
넥밴드 길이가 7.5[8, 8, 8.5, 9, 9.5, 9.5, 9.5]㎝ 혹은 선호하는 길이가 될 때까지 1~2단을
반복한다.

1단을 반복한다.

이탈리아식 코막음 기법으로 마무리한다.

마무리

남아 있는 꼬리실을 정리하고 소매 겨드랑이에 구멍이 있다면 꿰맨다.
뒤집어서 부드럽게 스팀한다.

Puff Tee

퍼프 소매 스웨터

—

소매 아랫부분에 넓은 고무단을 넣어 사랑스러운 퍼프 소매를 연출했다. 가볍고 부드러운 실크 모헤어로 만들어 착용감이 좋다. 탑다운 원통으로 시작해 어깨에서 코늘림하고, 다시 어깨에서 심리스 방식으로 소매를 이어 뜬다.

퍼프 소매 스웨터

사이즈	XXS[XS, S, M, L, XL, 2XL, 3XL]
신체 가슴둘레	76-83[84-91, 92-99, 100-107, 108-116, 117-127, 128-139, 140-149]㎝
옷 가슴둘레	91[95, 102, 110, 118, 130, 142, 152]㎝
길이	51[53, 55, 57, 59, 61, 65, 66]㎝
소매 길이	11.5[11.5, 12, 12, 12, 12.5, 12.5, 12.5]㎝
실	니팅 포 올리브 소프트 실크 모헤어(실크 30%, 모헤어 70%, 25g당 225m)
수량	소프트 실크 모헤어(너트 브라운) 6[6, 7, 8, 8, 9, 10, 11]볼×25g
바늘	3.5㎜ 장갑바늘과 줄바늘, 4.5㎜ 장갑바늘과 줄바늘, 마커, 스티치 홀더, 돗바늘
게이지	20코 26단(4.5㎜ 바늘, 니팅 포 올리브 소프트 실크 모헤어 2가닥, 10×10㎝ 메리야스뜨기)
약어 (269쪽 참고)	**m1L(겉)** 겉뜨기 모양으로 왼코 늘리기
	m1R(겉) 겉뜨기 모양으로 오른코 늘리기
	m1L(안) 안뜨기 모양으로 왼코 늘리기
	m1R(안) 안뜨기 모양으로 오른코 늘리기
	k2tog 겉뜨기로 2코 모아뜨기
기법	진동둘레 감아코 만들기, 이탈리아식 코막음(266~267쪽 참고)

참고

소프트 실크 모헤어 2가닥을 함께 뜬다. 실이 쉽게 풀리도록 타래 중앙에서 가닥을 빼어
사용하자. 새로운 실을 가져올 때는 쓰던 실과 새 실 끝부분을 안쪽 면에서 10㎝ 정도 겹쳐 함께
떠준다. 래글런 코늘림 마커를 걸 때는 단 시작 마커와 다른 색을 써서 구분하기 쉽게 한다.
요크를 뜨기 위해 코를 늘릴 때는 더 긴 줄바늘로 바꾼다. 몸통에서 소매를 분리한 후 다시
몸통을 뜰 때는 짧은 줄바늘로 바꾸는 것이 좋다.

넥밴드

3.5㎜ 장갑바늘을 사용해 실 2가닥으로 100[100, 100, 100, 100, 100, 104, 104]코를 잡는다.
시작 마커를 걸고 원통으로 연결하여 뜬다. 코가 꼬이지 않도록 주의하자. 시작 마커를 건 곳이
뒤판 중심이 된다.

1단: 단 끝까지 *겉 1, 안 1* 반복, 마커 넘기기.
편물 길이가 6㎝ 될 때까지 1코 고무뜨기를 반복한다.

4.5㎜ 줄바늘로 바꾼다.

겹단 목둘레 뜨기

코잡은 단 부분을 세로가 3㎝ 되도록 편물 뒤쪽으로 반 접는다.
코잡은 단과 바늘에 있는 코를 나란히 정렬한다.
맞닿은 두 부분을 아래와 같이 함께 겉뜨기한다.
*코잡은 단의 첫 번째 코를 주워 왼쪽 바늘에 있는 첫 번째 코와 함께 겉뜨기,
다음 코를 주워 왼쪽 바늘의 다음 코와 함께 안뜨기*, *~*를 단 끝까지 반복.
그렇게 하면 코잡은 단과 바늘에 있는 코가 함께 패턴에 맞춰 떠진다.

목 경사뜨기와 래글런 코늘림

1단: 겉 3, m1L(겉), *겉 4, m1L(겉)*을 3번 반복, 겉 2, m1R(겉), 마커 걸기,
겉 11[11, 11, 11, 11, 11, 13, 13], 마커 걸기, m1L(겉), 겉 2, 편물 뒤집기.
2단: 더블스티치 만들기, 첫 번째 마커까지 안 2, m1R(안), 마커 넘기기, 다음 마커까지 안뜨기,
마커 넘기기, m1L(안), 시작 마커까지 안뜨기, 마커 넘기기, 안 3, m1R(안), *안 4, m1R(안)*
2번 더 반복, 안 2, m1R(안), 마커 걸기, 안 11[11, 11, 11, 11, 11, 13, 13], 마커 걸기, m1L(안),
안 2, 편물 뒤집기.
3단: 더블스티치 만들기, 첫 번째 마커까지 겉뜨기, m1R(겉), 마커 넘기기, 다음 마커까지 겉뜨기,
마커 넘기기, m1L(겉), 시작 마커까지 겉뜨기, 마커 넘기기, 첫 번째 마커까지 겉뜨기, m1R(겉),
마커 넘기기, 다음 마커 전까지 겉뜨기, 마커 넘기기, m1L(겉), 이전 단에서 만든 더블스티치 다음
2코까지 겉뜨기, 편물 뒤집기.

4단: 더블스티치 만들기, 첫 번째 마커까지 안뜨기, m1R(안), 마커 넘기기, 다음 마커까지 안뜨기, 마커 넘기기, m1L(안), 시작 마커까지 안뜨기, 마커 넘기기, 첫 번째 마커까지 안뜨기, m1R(안), 마커 넘기기, 다음 마커까지 안뜨기, 마커 넘기기, m1L(안), 이전 단에서 만든 더블스티치 다음 2코까지 안뜨기, 편물 뒤집기.

3~4단을 4[5, 5, 6, 7, 7, 7, 7]번 더 반복.

다음 단: 다음 마커까지 겉뜨기, m1R(겉), 마커 넘기기, 다음 마커까지 겉뜨기, 마커 넘기기, m1L(겉), 시작 마커까지 겉뜨기, 마커 넘기기.
총 156[164, 164, 172, 180, 180, 184, 184]코.

S, M, L, XL, 2XL, 3XL 사이즈

계속 원통뜨기하면서 총 156[164, 168, 176, 184, 184, 192, 192]코가 될 때까지 위와 같이 코늘림한다.

모든 사이즈

다음 단: 단 끝까지 겉뜨기.

어깨 코늘림

다음 단: 처음 마커까지 겉뜨기, 마커 넘기기, *m1L(겉), 겉 1*, *~*를 다음 마커까지 반복, m1R(겉), 마커 넘기기, 다음 마커까지 겉뜨기, 마커 넘기기, *m1L(겉), 겉 1*, *~*를 다음 마커까지 반복, m1R(겉), 마커 넘기기, 시작 마커까지 겉뜨기.

소매 코늘림

다음 단: 시작 마커까지 *다음 마커까지 겉뜨기, 마커 넘기기, m1L(겉), 다음 마커까지 겉뜨기, m1R(겉), 마커 넘기기* 반복.

계속 원통뜨기하면서 총 252[260, 264, 272, 280, 280, 288, 288]코가 될 때까지 위와 같이 코늘림한다.

계속 원통뜨기하면서 총 292[304, 312, 324, 336, 340, 348, 348]코가 될 때까지 2단에 1번 위와 같이 코늘림한다.

다음 단: 단 끝까지 겉뜨기.

몸통과 소매 코늘림

다음 단: *다음 마커 전 1코 남을 때까지 겉뜨기, m1R(겉), 겉 1, 마커 넘기기, m1L(겉), 다음 마커까지 겉뜨기, m1R(겉), 마커 넘기기, 겉 1, m1L(겉)*, *~*를 1번 더 반복, 시작 마커까지 겉뜨기.

계속 원통뜨기하면서 총 340[352, 352, 372, 384, 396, 404, 412]코가 될 때까지 2단에 1번 위와 같이 코늘림한다.

다음 단: 단 끝까지 겉뜨기.

몸통과 소매 추가 코늘림

1단: 다음 마커 전 1코 남을 때까지 겉뜨기, m1R(겉), 겉 1, 마커 넘기기, m1L(겉), 다음 마커까지 겉뜨기, m1R(겉), 마커 넘기기, 겉 1, m1L(겉)*, *~*를 1번 더 반복, 시작 마커까지 겉뜨기.
2단: *다음 마커 전 1코 남을 때까지 겉뜨기, m1R(겉), 겉 1, 마커 넘기기, 다음 마커까지 겉뜨기, 마커 넘기기, 겉 1, m1l(겉)*, *~*를 1번 더 반복, 시작 마커까지 겉뜨기.
1~2단을 376[388, 400, 420, 444, 468, 476, 484]코가 될 때까지 반복.

다음 단: 단 끝까지 겉뜨기.

몸통과 소매 분리

준비단: 처음 마커까지 겉뜨기, 마커 제거, 스티치 홀더나 자투리 실에 다음 97[99, 101, 105, 109, 115, 117, 119]코 옮기기, 마커 제거, 겨드랑이 감아코 0[0, 3, 5, 5, 11, 21, 29]코 만들기, 다음 마커까지 겉뜨기, 마커 제거, 다음 97[99, 101, 105, 109, 115, 117, 119]코를 스티치 홀더나 자투리 실에 옮기기, 마커 제거, 겨드랑이 감아코 0[0, 3, 5, 5, 11, 21, 29]코 만들기, 시작 마커까지 겉뜨기.

총 182[190, 204, 220, 236, 260, 284, 304]코가 바늘에 있다.

몸통

어깨부터 몸통까지의 길이가 43[45, 47, 49, 51, 53, 57, 58]㎝, 혹은 선호하는 기장보다 8㎝ 짧을 때까지 콧수 변동 없이 원통으로 메리야스뜨기한다.

3.5㎜ 줄바늘로 바꾼다.

다음 단: 단 끝까지 *겉 1, 안 1* 반복.

고무단 길이가 8㎝가 될 때까지 1코 고무뜨기를 원통으로 뜬다.

고무단 패턴에 맞춰 느슨하게 코막음하거나 이탈리아식 코막음 기법을 사용한다.

소매(양쪽 동일)

소매 코줍기

겉면을 보고 4.5㎜ 장갑바늘을 사용해 실 2가닥으로 소매 둘레를 따라 아래와 같이 코를 줍는다.

준비단: 스티치 홀더나 자투리 실에 있는 소매 코 97[99, 101, 105, 109, 115, 117, 119]를 바늘로 넘긴다. 겨드랑이 감아코에서 0[0, 4, 6, 6, 8, 18, 26]코를 줍는다. 마커를 건다.

총 97[99, 105, 111, 115, 123, 135, 145]코.

1단: 0[0, 4, 6, 6, 8, 18, 26]코가 남을 때까지 겉뜨기, k2tog를 단 끝까지 반복.

총 97[99, 103, 108, 112, 119, 126, 132]코.

2단: 단 끝까지 겉뜨기.

2단을 4[4, 5, 5, 5, 6, 6, 6]번 더 반복.

다음 단: 겉 7[9, 13, 9, 13, 11, 15, 15], *마커 걸기, 겉 10[10, 10, 11, 11, 12, 12, 13]*, *~*를 0[0, 0, 0, 0, 0, 3, 0]코 남을 때까지 반복, 겉 0[0, 0, 0, 0, 0, 3, 0].

소매 코줄임

1단: 단 끝까지 *다음 마커 전 2코 남을 때까지 겉뜨기, k2tog* 반복.
1단을 2번 더 반복.
총 67[69, 73, 78, 82, 89, 96, 102]코.

소매 고무단 뜨기

3.5㎜ 바늘로 바꾼다.

XXS, XS, S, XL 사이즈

다음 단: k2tog, 단 끝까지 겉뜨기.
총 66[68, 72, 88]코.

M, L, 2XL, 3XL 사이즈

다음 단: 단 끝까지 겉뜨기.
총 78[82, 96, 102]코.

모든 사이즈

다음 단: 단 끝까지 *겉 1, 안 1* 반복.

소매 고무단 길이가 8㎝가 될 때까지 1코 고무뜨기를 원통으로 뜬다.

고무단 패턴에 맞춰 느슨하게 코막음하거나 이탈리아식 코막음 기법을 사용한다.

마무리

남아 있는 꼬리실을 정리하고 소매 겨드랑이에 구멍이 있다면 꿰맨다.
뒤집어서 부드럽게 스팀한다.

Barbroe Blouse
바브로 블라우스

—

몸의 선을 타고 흐르는 스캘럽 레이스 패턴으로 여성미를 한껏 살렸다. 팔에 딱 달라붙어 선을 드러내는 소매, 넥밴드 뒤편의 트임과 여밈 단추 3개가 포인트다. 바텀업으로 뜨며 몸통은 처음엔 원통으로 뜨다가 진동둘레에서 앞판과 뒤판을 분리하여 각각 평면뜨기로 완성한다. 소매 또한 비슷하게 원통으로 뜨며, 몸통과 소매를 이은 부분이 드러나지 않도록 매트리스 스티치로 자연스럽게 연결한다. 스캘럽 레이스는 어렵지 않은 기법이라 도안을 따라 하다 보면 쉽게 익힐 수 있다.

바브로 블라우스

사이즈	XXS[XS, S, M, L, XL, 2XL, 3XL, 4XL, 5XL]
신체 가슴둘레	72-82[83-91, 92-100, 100-109, 110-118, 119-127, 128-136, 137-145, 146-154, 155-165]㎝
옷 가슴둘레	72[80, 88, 96, 104, 112, 120, 128, 136, 144]㎝
길이	50[52, 54, 56, 58, 60, 62, 66, 68, 70]㎝
소매 길이	45[45, 45, 47, 47, 48.5, 48.5, 48.5, 48.5, 48.5]㎝
실	니팅 포 올리브 메리노(메리노 울 100%, 50g당 250m)
수량	메리노(머시룸 로즈) 4[5, 5, 6, 7, 8, 8, 8, 9, 9]볼×50g
바늘	2.5㎜ 장갑바늘과 줄바늘, 3㎜ 장갑바늘과 줄바늘, 1.5㎜ 코바늘, 마커, 스티치 홀더, 돗바늘
소품	지름 12㎜ 단추 3개
게이지	20코 40단(3㎜ 바늘, 니팅 포 올리브 메리노 1가닥, 10×10㎝ 차트 C 스캘럽 레이스 무늬 뜨기)
약어 (269쪽 참고)	**sl1(겉)** 겉뜨기 모양으로 1코 걸러뜨기 **k2tog** 겉뜨기로 2코 모아뜨기 **p2tog** 안뜨기로 2코 모아뜨기 **pfb** 안뜨기 코늘리기 **m1L(안)** 안뜨기 모양으로 왼코 늘리기 **m1L(겉)** 겉뜨기 모양으로 왼코 늘리기 **m1R(안)** 안뜨기 모양으로 오른코 늘리기 **m1R(겉)** 겉뜨기 모양으로 오른코 늘리기 **sl2(겉)** 겉뜨기 모양으로 2코 걸러뜨기 **k2tog-tbl** 겉뜨기로 2코 모아 꼬아뜨기 **kfb** 겉뜨기 코늘리기
기법	바늘비우기, 경사뜨기(268쪽 참고)

참고

새로운 실을 가져올 때는 쓰던 실과 새 실 끝부분을 안쪽 면에서 10㎝ 정도 겹쳐 함께 떠준다.

몸통

3mm 줄바늘을 사용해 메리노 1가닥으로 270[300, 330, 360, 390, 420, 450, 480, 510, 540]코를 잡는다. 시작 마커를 걸고 원통으로 연결해 뜬다. 코가 꼬이지 않도록 주의하자. 시작 마커를 건 곳이 옆선이 된다.

준비단: 안 135[150, 165, 180, 195, 210, 225, 240, 255, 270]코, 마커 걸기(옆선), 단 끝까지 안뜨기.

1단(줄임단): 단 끝까지 *겉 1, sl1(겉), 겉 1, 걸러뜬 코로 덮어씌우기, 겉 10, k2tog* 반복.
2단(줄임단): 단 끝까지 *겉 1, sl1(겉), 겉 1, 걸러뜬 코로 덮어씌우기, 겉 8, k2tog* 반복.
3단(줄임단): 단 끝까지 *겉 1, sl1(겉), 겉 1, 걸러뜬 코로 덮어씌우기, 겉 6, k2tog* 반복.
총 162[180, 198, 216, 234, 252, 270, 288, 306, 324]코.

차트를 보며 아래와 같이 원통으로 스캘럽 레이스 패턴을 뜬다.
차트 A의 1~8단 뜨기.
총 180[200, 220, 240, 260, 280, 300, 320, 340, 360]코.

차트 B의 1~8단 뜨기.
총 144[160, 176, 192, 208, 224, 240, 256, 272, 288]코.

차트 C의 1~8단을 13[14, 15, 15, 16, 17, 18, 19, 20, 21]번 뜬다.
기장을 더 길게 하고 싶다면 차트 C의 1~8단을 1번 더 뜬다.

차트 C의 1~7단을 뜬다.

S, M, 3XL, 4XL, 5XL 사이즈
실을 끊는다.
왼쪽 바늘에 있는 시작 마커를 4코 왼쪽으로 옮기고 다시 실을 연결한다.

모든 사이즈

앞판과 뒤판으로 몸통 분리

다음 단: 겉 71[79, 83, 91, 95, 103, 111, 115, 123, 131], 다음 3[3, 11, 11, 19, 19, 19, 27, 27, 27]코를 겉뜨기 모양으로 코막음, 겉 68[76, 76, 84, 84, 92, 100, 100, 108, 116], 다음 3[3, 11, 11, 19, 19, 19, 27, 27, 27]코를 겉뜨기 모양으로 코막음.

참고: 처음 코막음할 때는 첫 번째 2[2, 6, 6, 10, 10, 10, 14, 14, 14]코는 앞판 코에서 코막음하고, 마지막 1[1, 5, 5, 9, 9, 9, 13, 13, 13]코는 뒤판 코에서 코막음한다.

그 다음 코막음 할 때는 첫 번째 2[2, 6, 6, 10, 10, 10, 14, 14, 14]코는 뒤판 코에서 코막음하고 마지막 1[1, 5, 5, 9, 9, 9, 13, 13, 13]코는 앞판 코에서 코막음한다.

총 138[154, 154, 170, 170, 186, 202, 202, 218, 234]코.

뒤판에 해당하는 뒤쪽의 69[77, 77, 85, 85, 93, 101, 101, 109, 117]코는 스티치 홀더나 자투리 실에 옮긴다.

앞판

처음 69[77, 77, 85, 85, 93, 101, 101, 109, 117]코를 아래와 같이 평면뜨기한다.

1단(겉면): 겉뜨기 모양으로 2코 코막음, 안 3, 차트 C의 1단을 7[8, 8, 9, 9, 10, 11, 11, 12, 13]번 반복, 단 끝까지 안뜨기.

2단: 안뜨기 모양으로 2코 코막음, 단 끝까지 안뜨기.

3단: 겉뜨기 모양으로 2코 코막음, 겉 1, 차트 C의 3단을 7[8, 8, 9, 9, 10, 11, 11, 12, 13]번 반복, 단 끝까지 겉뜨기.

4단: 안뜨기 모양으로 2코 코막음, 단 끝까지 안뜨기.

5단: 겉뜨기 모양으로 1코 코막음, 차트 C의 5단을 7[8, 8, 9, 9, 10, 11, 11, 12, 13]번 반복, 단 끝까지 겉뜨기.

6단: 안뜨기 모양으로 1코 코막음, 단 끝까지 안뜨기.

7단: 겉 1, 차트 C의 7단을 7[8, 8, 9, 9, 10, 11, 11, 12, 13]번 반복, 겉 2.

8단: 단 끝까지 안뜨기.

총 59[67, 67, 75, 75, 83, 91, 91, 99, 107]코.

참고: 이제 다음 단 첫 번째 코와 마지막 2코가 가장자리 코가 된다.

차트 C의 1~8단을 4[4, 4, 5, 5, 5, 5, 5, 5]번 반복하되, 차트 C의 1단에 있는 가장자리 코는 안뜨기로 뜨고 그 외 모든 겉면 단의 가장자리 코는 겉뜨기로, 안면 단의 가장자리 코는 안뜨기로 뜬다.

목 형태 잡기

XXS, M, L, 4XL 사이즈

1단(겉면): 안 1, 차트 C의 1단을 2[3, 3, 4]번 반복, 안 2, 겉 2, 다음 17[17, 17, 25]코를 겉뜨기 모양으로 코막음, 겉 1, 안 1, 차트 C의 1단을 2[3, 3, 4]번 반복, 안 2.

XS, S, XL, 2XL, 3XL, 5XL 사이즈

1단(겉면): 안 1, 차트 C의 1단을 2[2, 3, 3, 3, 4]번 반복, 차트 C의 1단 1~7코 뜨기, 겉 4, 다음 17[17, 17, 25, 25, 25]코를 겉뜨기 모양으로 코막음, 겉 2, 차트 C 1단의 8~14코 뜨기, 차트 C의 1단을 2[2, 3, 3, 3, 4]번 반복, 안 2.

오른쪽 어깨 뜨기

오른쪽 어깨에 해당하는 처음 33[40, 40, 47, 47, 54, 54, 54, 61, 68]코를 평면뜨기로 작업하고 왼쪽 어깨에 해당하는 나머지 코는 한쪽에 남겨둔다.

2단: 단 끝까지 안뜨기.

3단: 겉뜨기 모양으로 1코 코막음, 겉 1, 차트 C의 3단을 2코 남을 때까지 뜨기, 겉 2.

총 28[34, 34, 40, 40, 46, 46, 46, 52, 58]코.

4단: 단 끝까지 안뜨기.

5단: 겉뜨기 모양으로 1코 코막음, 차트 C의 5단을 2코 남을 때까지 뜨기, 겉 2.

총 23[28, 28, 33, 33, 38, 38, 38, 43, 48]코.

6단: 단 끝까지 안뜨기.

7단: 겉뜨기 모양으로 1코 코막음, 차트 C의 7단을 2번째 코부터 2코 남을 때까지 뜨기, 겉 2.

총 18[22, 22, 26, 26, 30, 30, 30, 34, 38]코.

8단: 단 끝까지 안뜨기.

참고: 이제 다음 단 시작 부분에는 가장자리 코가 없으며 끝에는 가장자리 코가 2개 있다.

차트 C를 콧수 변동 없이 다음과 같이 평면뜨기한다.

차트 C의 1~8단을 2[2, 2, 2, 2, 2, 2, 3, 3, 3]번 반복하되, 차트 C의 1단에 있는 가장자리 코는 안뜨기로 뜨고 그 외 모든 겉면 단의 가장자리 코는 겉뜨기로, 안면 단의 가장자리 코는 안뜨기로 뜬다.

차트 C의 1~5단을 뜨면서 1단의 가장자리 코는 안뜨기하고, 그 외 겉면 단의 가장자리 코는 겉뜨기, 안면 단의 가장자리 코는 안뜨기한다.

총 22[27, 27, 32, 32, 37, 37, 37, 42, 47]코.

실을 끊는다. 오른쪽 어깨 앞판 코를 스티치 홀더나 자투리 실에 옮긴다.

왼쪽 어깨 뜨기

안면을 보고, 쉬게 두었던 왼쪽 어깨 코에 실을 연결하고 33[40, 40, 47, 47, 54, 54, 54, 61, 68]코를 아래와 같이 평면뜨기로 작업한다.

1단(안면): p2tog, 단 끝까지 안뜨기.

총 32[39, 39, 46, 46, 53, 53, 53, 60, 67]코.

참고: XS, S, XL, 2XL, 3XL, 5XL 사이즈는 단 끝에서 무늬를 반복할 코가 부족하므로 1/2만큼만 반복한다.

2단: 겉 1, 차트 C의 3단을 3코가 남을 때까지 뜨기, 겉 3.

3단: p2tog, 단 끝까지 안뜨기.

총 27[33, 33, 39, 39, 45, 45, 45, 51, 57]코.

4단: 겉 1, 차트 C의 5단을 2코 남을 때까지 뜨기, 겉 2.

5단: p2tog, 단 끝까지 안뜨기.

총 22[27, 27, 32, 32, 37, 37, 37, 42, 47]코.

6단: 겉 1, 차트 C의 7단을 1코 남을 때까지 뜨기, 겉 1.

7단: 단 끝까지 안뜨기.

총 18[22, 22, 26, 26, 30, 30, 30, 34, 38]코.

참고: 이제 다음 단 첫 코가 가장자리 코, 마지막 코가 가장자리 코가 된다.

차트 C를 콧수 변동 없이 아래와 같이 평면뜨기한다.
차트 C의 1~8단을 2[2, 2, 2, 2, 2, 3, 3, 3]번 반복하면서 차트 C의 1단 가장자리 코는 안뜨기하고 그 외 겉면 단의 가장자리 코는 겉뜨기, 안면 단의 가장자리 코는 안뜨기한다.

차트 C의 1~5단을 뜨면서, 1단 가장자리 코는 안뜨기로, 그 외 겉면 단의 가장자리 코는 겉뜨기, 안면 단의 가장자리 코는 안뜨기한다.

총 22[27, 27, 32, 32, 37, 37, 37, 42, 47]코.

실을 끊는다.
앞판 왼쪽 어깨 코를 스티치 홀더나 자투리 실에 옮긴다.

뒤판

소매 진동 뜨기

뒤판 69[77, 77, 85, 85, 93, 101, 101, 109, 117]코를 3㎜ 줄바늘로 옮기고 실을 연결한다.

소매 진동을 아래와 같이 코막음한다.

1단(겉면): 겉뜨기 모양으로 2코 코막음, 안 3, 차트 C의 1단을 7[8, 8, 9, 9, 10, 11, 11, 12, 13]번 반복, 단 끝까지 안뜨기.

2단: 안뜨기 모양으로 2코 코막음, 단 끝까지 안뜨기.

3단: 겉뜨기 모양으로 2코 코막음, 겉 1, 차트 C의 3단을 7[8, 8, 9, 9, 10, 11, 11, 12, 13]번 반복, 단 끝까지 겉뜨기.

4단: 안뜨기 모양으로 2코 코막음, 단 끝까지 안뜨기.

5단: 겉뜨기 모양으로 1코 코막음, 차트 C의 5단을 7[8, 8, 9, 9, 10, 11, 11, 12, 13]번 반복, 단 끝까지 겉뜨기.

6단: 안뜨기 모양으로 1코 코막음, 단 끝까지 안뜨기.

7단: 겉 1, 차트 C의 7단을 7[8, 8, 9, 9, 10, 11, 11, 12, 13]번 반복, 겉 2.

8단: 단 끝까지 안뜨기.

총 59[67, 67, 75, 75, 83, 91, 91, 99, 107]코.

참고: 이제 다음 단 첫 코, 마지막 2코가 가장자리 코가 된다.

차트 C를 콧수 변동 없이 아래와 같이 평면뜨기한다.

차트 C의 1~8단을 2[2, 2, 3, 3, 3, 3, 3, 3]번하면서 1단 가장자리 코는 안뜨기로, 그 외 겉면 단의 가장자리 코는 겉뜨기, 안면 단의 가장자리 코는 안뜨기한다.

뒤판 분리하여 뒷목 트임 만들기
XXS, M, L, 2XL, 3XL, 5XL 사이즈

1단(겉면): 안 1, 차트 C의 1단을 3[4, 4, 5, 5, 6]번 반복, 안 4, pfb, 안 3, 차트 C의 1단을 3[4, 4, 5, 5, 6]번 반복, 안 2.

2단: 안 48[62, 62, 76, 76, 90], 오른쪽에 해당하는 48[62, 62, 76, 76, 90]코를 스티치 홀더나 자투리 실에 옮기기.

XS, S, XL, 4XL 사이즈

1단(겉면): 안 1, 차트 C의 1단을 4[4, 5, 6]번 반복, pfb, 차트 C의 1단을 2번째 코부터 시작하여 4[4, 5, 6]번 반복, 안 2.

2단: 안 57[57, 71, 85], m1L(안), 안 1, 오른쪽에 해당하는 나머지 58[58, 72, 86]코를 스티치 홀더나 자투리 실에 옮기기.

트임 왼쪽 뜨기

트임 왼쪽에 해당하는 48[57, 57, 62, 62, 71, 76, 76, 85, 90]코만 평면뜨기로 작업하고 오른쪽에 해당하는 나머지 코는 쉬게 둔다.

XXS, M, L, 2XL, 3XL, 5XL 사이즈

차트 C의 3~8단을 뜨되 모든 겉면 단의 첫 4코는 겉뜨기한다.

차트 C의 1~8단을 3번 더 반복하는데, 1단의 가장자리 코는 안뜨기하고 그 외 겉면 단의 가장자리 코는 겉뜨기, 안면 단의 가장자리 코는 안뜨기한다.

총 30[38, 38, 46, 46, 54]코.

XS, S, XL, 4XL 사이즈

3단(겉면): 겉 1, m1L(겉), 차트 C의 3단을 2코 남을 때까지 뜨기, 겉 2.

4단: 1코 남을 때까지 안뜨기, m1L(안), 안 1.

5단: 겉 1, m1L(겉), 겉 2, 차트 C의 5단을 2코 남을 때까지 뜨기, 겉 2.

6단: 단 끝까지 안뜨기.

7단: 겉 4, 차트 C의 7단을 2코 남을 때까지 뜨기, 겉 2.

8단: 단 끝까지 안뜨기.

차트 C의 1~8단을 3번 더 반복하되, 1단 가장자리 코는 안뜨기, 그 외 겉면 단의 가장자리 코는 겉뜨기, 안면 단의 가장자리 코는 안뜨기한다.

총 38[38, 46, 54]코.

목 가장자리와 왼쪽 어깨 뒤판 뜨기

XXS, M, L, 4XL 사이즈

1단(겉면): 겉뜨기 모양으로 10[10, 10, 18]코 코막음, 안 1, 차트 C의 1단을 2[3, 3, 4]번 반복, 안 2.

총 32[46, 46, 60]코.

2단: 단 끝까지 안뜨기.

3단: 겉뜨기 모양으로 1코 코막음, 차트 C의 3단을 2[3, 3, 4]번 반복, 겉 2.

총 27[39, 39, 51]코.

4단: 단 끝까지 안뜨기.

5단: 겉뜨기 모양으로 1코 코막음, 차트 C의 5단을 2번째 코부터 작업하여 2[3, 3, 4]번 반복, 겉 2.

총 22[32, 32, 42]코.

6단: 단 끝까지 안뜨기.

7단: 차트 C의 7단을 2[3, 3, 4]번 반복, 겉 2.

총 18[26, 26, 34]코.

8단: 단 끝까지 안뜨기.

차트 C의 1~8단을 0[0, 0, 1]번 반복.

참고: 이제 다음 단 시작 부분에는 가장자리 코가 없고 끝에는 가장자리 코가 2개 있다.

차트 C의 1~5단을 뜨면서, 1단 가장자리 코는 안뜨기로, 그 외 겉면 단의 가장자리 코는 겉뜨기,
안면 단의 가장자리 코는 안뜨기한다.

총 22[32, 32, 42]코.

약 50㎝ 정도의 실을 남기고 끊는다.
돗바늘로 왼쪽 어깨 뒤판 코와 왼쪽 어깨 앞판 코를 꿰매 잇는다.

목 가장자리와 왼쪽 어깨 뒤판 뜨기

XS, S, XL, 2XL, 3XL, 5XL 사이즈

1단(겉면): 겉뜨기 모양으로 14코 코막음, 겉 1, 차트 C의 1단을 8번째 코부터 시작하여
2코 남을 때까지 뜨기, 안 2.

총 39[39, 53, 53, 53, 67]코.

2단: 단 끝까지 안뜨기.

3단: 겉뜨기 모양으로 1코 코막음, 차트 C의 3단을 2코 남을 때까지 뜨기, 겉 2.

총 33[33, 45, 45, 45, 57]코.

4단: 단 끝까지 안뜨기.

5단: 겉뜨기 모양으로 1코 코막음, 차트 C의 5단을 2번째 코부터 시작하여
2코 남을 때까지 뜨기, 겉 2.

총 27[27, 37, 37, 37, 47]코.

6단: 단 끝까지 안뜨기.

7단: 차트 C의 7단을 2코 남을 때까지 뜨기, 겉 2.

총 22[22, 30, 30, 30, 38]코.

8단: 단 끝까지 안뜨기.

차트 C의 1~8단을 0[0, 0, 0, 1, 1]번 더 반복.

참고: 이제 다음 단의 시작 부분에 가장자리 코가 없으며 끝에는 가장자리 코가 2개 있다.

차트 C의 1~5단을 뜨되, 1단의 가장자리 코를 안뜨기로, 그 외 겉면 단의 가장자리 코는 겉뜨기,
안면 단의 가장자리 코는 안뜨기한다.

총 27[27, 37, 37, 37, 47]코.

약 50㎝ 정도로 실을 남기고 끊는다.
뒤판 왼쪽 어깨 코와 앞판 왼쪽 어깨 코를 돗바늘로 꿰매 잇는다.

트임 오른쪽 뜨기

안면을 보고, 오른쪽에 해당하는 48[58, 58, 62, 62, 72, 76, 76, 86, 90] 코에 실을 연결하여 아래와 같이 평면뜨기한다.

XXS, M, L, 2XL, 3XL, 5XL 사이즈

1단(안면): 단 끝까지 안뜨기.
2~7단: 차트 C의 3~8단을 뜨되, 겉면에서는 5코가 남을 때까지 차트 C 반복, 겉 5.
8단: 단 끝까지 안뜨기.

차트 C의 1~8단을 3번 더 반복하되 1단 가장자리 코는 안뜨기로, 그 외 겉면 단의 가장자리 코는 겉뜨기, 안면 단의 가장자리 코는 안뜨기한다.

XS, S, XL, 4XL 사이즈

1단(안면): 안 1, m1R(안), 단 끝까지 안뜨기.
2단: 겉 1, 차트 C의 3단을 2코 남을 때까지 뜨기, 겉 1, m1R(겉), 겉 1.
3단: 안 1, m1R(안), 단 끝까지 안뜨기.
4단: 겉 1, 차트 C의 5단을 4코 남을 때까지 뜨기, 겉 3, m1R(겉), 겉 1.
5단: 단 끝까지 안뜨기.
6단: 겉 1, 차트 C의 7단을 5코 남을 때까지 뜨기, 겉 5.
7단: 단 끝까지 안뜨기.

차트 C의 1~8단을 3번 더 반복하되 1단의 가장자리 코를 안뜨기, 그 외 겉면 단의 가장자리 코는 겉뜨기, 안면 단의 가장자리 코는 안뜨기한다.

목 가장자리와 뒤판 오른쪽 어깨 뜨기

XXS, M, L, 4XL 사이즈

1단(겉면): 안 1, 차트 C의 1단을 2[3, 3, 4]번 반복, 단 끝까지 겉뜨기.

총 42[56, 56, 74]코.

2단: 안뜨기 모양으로 10[10, 10, 18]코 코막음, 단 끝까지 안뜨기.

총 32[46, 46, 60]코.

3단: 겉 1, 차트 C의 3단을 2[3, 3, 4]번 반복, 단 끝까지 겉뜨기.

총 28[40, 40, 52]코.

4단: 안뜨기 모양으로 1코 코막음, 단 끝까지 안뜨기.

총 27[39, 39, 51]코.

5단: 겉 1, 차트 C의 5단을 2[3, 3, 4]번 반복, 단 끝까지 겉뜨기.

총 23[33, 33, 43]코.

6단: 안뜨기 모양으로 1코 코막음, 단 끝까지 안뜨기.

총 22[32, 32, 42]코.

7단: 겉 1, 차트 C의 7단을 2[3, 3, 4]번 반복, 겉 1.

총 18[26, 26, 34]코.

8단: 단 끝까지 안뜨기. 차트 C의 1~8단을 0[0, 0, 1]번 뜨기.

참고: 이제 다음 단 첫 코와 마지막 코가 가장자리 코가 된다.

차트 C의 1~5단을 뜨되, 1단 가장자리 코는 안뜨기로, 그 외 겉면 단의 가장자리 코는 겉뜨기, 안면 단의 가장자리 코는 안뜨기한다.

총 22[32, 32, 42]코.

약 50㎝ 정도 실을 남기고 끊는다.

뒤판 오른쪽 어깨 코와 앞판 오른쪽 어깨 코를 돗바늘로 꿰매 잇는다.

XS, S, XL, 2XL, 3XL, 5XL 사이즈

1단(겉면): 안 1, 차트 C의 1단을 2[2, 3, 3, 3, 4]번 반복,
차트 C의 첫 번째 코부터 7번째 코까지 뜨기, 단 끝까지 겉뜨기.
총 53[53, 67, 67, 67, 81]코.
2단: 안뜨기 모양으로 14코 코막음, 단 끝까지 안뜨기.
총 39[39, 53, 53, 53, 67]코.
3단: 겉 1, 차트 C의 3단을 2[2, 3, 3, 3, 4]번 반복,
차트 C의 첫 번째 코부터 7번째 코까지 뜨기, 단 끝까지 겉뜨기.
총 34[34, 46, 46, 46, 58]코.
4단: 안뜨기 모양으로 1코 코막음, 단 끝까지 안뜨기.
총 33[33, 45, 45, 45, 57]코.
5단: 겉 1, 차트 C의 5단을 2[2, 3, 3, 3, 4]번 반복,
차트 C의 첫 번째 코부터 7번째 코까지 뜨기, 단 끝까지 겉뜨기.
총 28[28, 38, 38, 38, 48]코.
6단: 안뜨기 모양으로 1코 코막음, 단 끝까지 안뜨기.
총 27[27, 37, 37, 37, 47]코.
7단: 겉 1, 차트 C의 7단을 2[2, 3, 3, 3, 4]번 반복,
차트 C의 첫 번째 코부터 7번째 코까지 뜨기, 단 끝까지 겉뜨기.
총 22[22, 30, 30, 30, 38]코.
8단: 단 끝까지 안뜨기.

차트 C의 1~8단을 0[0, 0, 0, 1, 1]번 더 뜨기.

참고: 이제 다음 단 시작 부분에는 가장자리 코가 없으며 끝에 가장자리 코가 1개 있다.

차트 C의 1~5단을 뜨되, 1단의 가장자리 코는 안뜨기로, 그 외 겉면 단의 가장자리 코는 겉뜨기,
안면 단의 가장자리 코는 안뜨기한다.
총 27[27, 37, 37, 37, 47]코.

50cm 가량 실을 남기고 끊는다.
뒤판 오른쪽 어깨 코와 앞판 오른쪽 어깨 코를 돗바늘로 꿰매 잇는다.

넥밴드

2.5㎜ 장갑바늘을 사용해 실 1가닥으로 편물 겉면을 마주 본 채 트임 왼쪽에서 시작해 아래와 같이 목둘레를 따라 코를 줍는다.

준비단: 왼쪽 뒤판을 따라 11[12, 12, 11, 11, 12, 11, 11, 12, 12]코, 위로 올라가며 앞판 중앙 무늬가 반복되는 부분까지 24[32, 32, 24, 24, 32, 32, 32, 32, 32]코, 앞판 가운데에서 24[16, 16, 24, 24, 16, 24, 24, 32, 24]코 마다 각 1코, 오른쪽 뒤판을 향해 올라가며 24[32, 32, 24, 24, 32, 32, 32, 32, 32]코, 다시 오른쪽 뒤판을 따라 12[13, 13, 12, 12, 13, 12, 12, 13, 13]코를 줍는다. 총 95[105, 105, 95, 95, 105, 111, 111, 121, 113]코.

다음 단(겉면): 단 끝까지 안뜨기.

참고: 이제 다음 단 시작 부분 첫 3[4, 4, 3, 3, 4, 3, 3, 4, 4]코가 가장자리 코, 마지막 4[5, 5, 4, 4, 5, 4, 4, 5, 5]코가 가장자리 코가 된다.

아래와 같이 차트 C를 평면뜨기로 작업하여 넥밴드를 뜬다.

1단(겉면): 안 3[4, 4, 3, 3, 4, 3, 3, 4, 4], 차트 C의 1단을 11[12, 12, 11, 11, 12, 13, 13, 14, 13]번 반복, 안 4[5, 5, 4, 4, 5, 4, 4, 5, 5], 차트 C의 2~8단을 뜨되, 모든 겉면 단의 가장자리 코는 겉뜨기로, 안면 단의 가장자리 코는 안뜨기로 뜬다. 차트 C의 1~8단을 뜨되, 1단의 가장자리 코는 안뜨기로, 그 외 겉면 단의 가장자리 코는 겉뜨기, 안면 단의 가장자리 코는 안뜨기한다. 넥밴드를 좀 더 높이고 싶다면 차트 C의 1~8단을 1번 더 뜬다.

다음 단(겉면): 안 3[4, 4, 3, 3, 4, 3, 3, 4, 4], *안 1, p2tog, 바늘비우기, 겉 1, 바늘비우기, 겉 1, 바늘비우기, 겉 1, 바늘비우기, p2tog*, *~*를 4[5, 5, 4, 4, 5, 4, 4, 5, 5]코 남을 때까지 반복, 안 4[5, 5, 4, 4, 5, 4, 4, 5, 5]. 총 117[129, 129, 117, 117, 129, 137, 137, 149, 139]코.

스캘럽 무늬 코막음

겉뜨기 모양으로 3[4, 4, 3, 3, 4, 3, 3, 4, 4]코 코막음 후 1단은 그대로 이어서 경사뜨기한다.

경사뜨기 1단: 겉 9, 편물 뒤집기.

경사뜨기 2단: 더블스티치 만들기, 겉 8, 안 1, 편물 뒤집기.

경사뜨기 3단: sl2(겉), 이 2코를 꼬아서 왼쪽 바늘로 옮기기, k2tog-tbl, 겉 7, 편물 뒤집기.

경사뜨기 4단: 더블스티치 만들기, 겉 6, 안 1, 편물 뒤집기.

5단: sl2(겉), 이 2코를 꼬아서 왼쪽 바늘로 옮기기, k2tog-tbl, 겉뜨기 모양으로 8코 코막음 (더블스티치는 겉뜨기). 왼쪽 바늘에 3[4, 4, 3, 3, 4, 3, 3, 4, 4]코, 오른쪽 바늘에 1코가 남을 때까지 경사뜨기 1~4단과 5단을 반복한다. 나머지 코 겉뜨기 모양으로 코막음.

소매(양쪽 동일)

3mm 장갑바늘을 사용하여 실 1가닥으로 70[70, 70, 70, 70, 70, 84, 84, 84, 84]코를 잡는다. 시작 부분에 마커를 걸고 원통으로 연결하여 뜬다. 코가 꼬이지 않도록 주의하자.

다음 단: 단 끝까지 안뜨기.

XXS, XS, S 사이즈

1단(줄임단): 단 끝까지 *겉 1, sl1(겉), 겉 1, 걸러뜬 코로 덮어씌우기, 겉 9, k2tog* 반복.

2단(줄임단): 단 끝까지 *겉 1, sl1(겉), 겉 1, 걸러뜬 코로 덮어씌우기, 겉 7, k2tog* 반복.

3단(줄임단): 단 끝까지 *겉 1, sl1(겉), 겉 1, 걸러뜬 코로 덮어씌우기, 겉 5, k2tog* 반복.

총 40코.

M, L, XL, 2XL, 3XL, 4XL, 5XL 사이즈

1단(줄임단): 겉 5, k2tog, 7코 남을 때까지 *겉 1, sl1(겉), 겉 1, 걸러뜬 코로 덮어씌우기, 겉 9, k2tog* 반복, 겉 1, sl1(겉), 겉 1, 걸러뜬 코로 덮어씌우기, 겉 4.

2단(줄임단): 겉 4, k2tog, 6코 남을 때까지 *겉 1, sl1(겉), 겉 1, 걸러뜬 코로 덮어씌우기, 겉 7, k2tog* 반복, 겉 1, sl1(겉), 겉 1, 걸러뜬 코로 덮어씌우기, 겉 3.

3단(줄임단): 겉 3, k2tog, 5코 남을 때까지 *겉 1, sl1(겉), 겉 1, 걸러뜬 코로 덮어씌우기, 겉 5, k2tog* 반복, 겉 1, sl1(겉), 겉 1, 걸러뜬 코로 덮어씌우기, 겉 2.

총 40[40, 40, 48, 48, 48, 48]코.

모든 사이즈

이제 차트 C를 따라 원통으로 계속 작업하며 마커 양쪽에서 코늘림한다.

차트 C의 1~8단을 1[1, 1, 8, 8, 8, 8, 8, 8, 8]번째 코에서 시작하여 3[2, 1, 2, 2, 3, 3, 2, 2, 2]번 뜨되, 새로 생긴 코는 1단에서는 안뜨기로, 그 후에는 모두 겉뜨기로 뜬다. 1번 반복할 때마다 8코가 늘어나며, 반복하는 다음 1단부터 이 새 8코는 패턴에 맞춰 뜬다.

M, L, XL, 2XL, 3XL, 4XL, 5XL 사이즈

차트 C의 1~2단을 1번 더 반복한다.

모든 사이즈

차트 C 1단에서 코늘림할 때

첫 코 전 루프를 뒤쪽에서 앞으로 찔러 m1R(안), 차트 C의 1[1, 1, 3, 3, 3, 3, 3, 3, 3]단을 1코 남을 때까지 뜨기, pfb.

차트 C 2~8단에서 코늘림할 때

첫 코 전 루프를 사용해서 m1R(겉), 1코 남을 때까지 무늬대로 뜨기, kfb.

차트 C의 1[1, 1, 3, 3, 3, 3, 3, 3, 3]단에서 시작하며, 이 단의 마커 양쪽에서 위에 지시한 대로 첫 번째 코늘림을 한다.

16[12, 13, 8, 8, 8, 8, 7, 7, 7]단마다 추가 코늘림을 1번씩 하여 9[13, 13, 21, 21, 21, 21, 25, 25, 25]번 반복하면서 차트 C를 계속 뜬다.

총 60[68, 68, 84, 84, 84, 92, 100, 100, 100]코.

마지막 코늘림 단을 마치면 차트 C를 다시 반복하여 8단에서 끝낸다.

소매를 더 길게 뜨려면 차트 C의 1~8단을 1번 더 반복하여 8단에서 끝낸다.

소매산 뜨기

아래와 같이 평면뜨기한다.

1단(겉면): 겉뜨기 모양으로 2[6, 6, 10, 10, 10, 10, 14, 14, 14]코 코막음, 안 7,
차트 C의 1단을 5[5, 5, 6, 6, 6, 7, 7, 7, 7]번 반복, 안 2, 단 끝까지 겉뜨기.
총 88[92, 92, 110, 110, 110, 124, 128, 128, 128]코.
2단: 안뜨기 모양으로 1[5, 5, 9, 9, 9, 9, 13, 13, 13]코 코막음, 단 끝까지 안뜨기.
총 87[87, 87, 101, 101, 101, 115, 115, 115, 115]코.
3단: 겉뜨기 모양으로 2코 코막음, 겉 5, 차트 C의 3단을 5[5, 5, 6, 6, 6, 7, 7, 7, 7]번 반복,
단 끝까지 겉뜨기.
총 75[75, 75, 87, 87, 87, 99, 99, 99, 99]코.
4단: 안뜨기 모양으로 2코 코막음, 단 끝까지 안뜨기.
총 73[73, 73, 85, 85, 85, 97, 97, 97, 97]코.
5단: 겉뜨기 모양으로 2코 코막음, 겉 3, 차트 C의 5단을 5[5, 5, 6, 6, 6, 7, 7, 7, 7]번 반복,
단 끝까지 겉뜨기.
총 61[61, 61, 71, 71, 71, 81, 81, 81, 81]코.
6단: 안뜨기 모양으로 2코 코막음, 단 끝까지 안뜨기.
총 59[59, 59, 69, 69, 69, 79, 79, 79, 79]코.
7단: 겉뜨기 모양으로 2코 코막음, 겉 1, 차트 C의 7단을 5[5, 5, 6, 6, 6, 7, 7, 7, 7]번 반복,
단 끝까지 겉뜨기.
총 47[47, 47, 55, 55, 55, 63, 63, 63, 63]코.
8단: 안뜨기 모양으로 2코 코막음, 단 끝까지 안뜨기.
총 45[45, 45, 53, 53, 53, 61, 61, 61, 61]코.

참고: 이제 다음 단 첫 2코, 마지막 3코가 가장자리 코가 된다.

차트 C의 1~8단을 5[5, 5, 6, 6, 6, 5, 6, 6, 6]번 뜨되, 1단 가장자리 코는 안뜨기로,
그 후 나머지 단 겉면은 겉뜨기, 안면은 안뜨기로 뜬다.

이제 아래와 같이 줄인다.

1단: 안 3, p2tog, 안 5, 차트 C의 1단을 3[3, 3, 4, 4, 4, 5, 5, 5, 5]번, 안 6, p2tog, 안 3.
총 61[61, 61, 75, 75, 75, 89, 89, 89, 89]코.

2단: 안 3, p2tog, 5코 남을 때까지 안뜨기, p2tog, 안 3.
총 59[59, 59, 73, 73, 73, 87, 87, 87, 87]코.

3단: 겉 3, sl1(겉), 겉 1, 걸러뜬 코로 덮어씌우기, 겉 3, 차트 C의 3단을 3[3, 3, 4, 4, 4, 5, 5, 5]번 반복, 겉 4, k2tog, 겉 3.
총 51[51, 51, 63, 63, 63, 75, 75, 75, 75]코.

4단: 안 3, p2tog, 5코 남을 때까지 안뜨기, p2tog, 안 3.
총 49[49, 49, 61, 61, 61, 73, 73, 73, 73]코.

5단: 겉 3, sl1(겉), 겉 1, 걸러뜬 코로 덮어씌우기, 겉 1, 차트 C의 5단을 3[3, 3, 4, 4, 4, 5, 5, 5]번 반복, 겉 2, k2tog, 겉 3.
총 41[41, 41, 51, 51, 51, 61, 61, 61, 61]코.

6단: 안 3, p2tog, 5코 남을 때까지 안뜨기, p2tog, 안 3.
총 39[39, 39, 49, 49, 49, 59, 59, 59, 59]코.

7단: 겉 3, sl1(겉), 겉 1, 걸러뜬 코로 덮어씌우기, 차트 C의 7단을 2번째 코부터 시작하여 3[3, 3, 4, 4, 4, 4, 5, 5, 5]번 반복, k2tog, 겉 3.
총 31[31, 31, 39, 39, 39, 47, 47, 47, 47]코.

8단: 안뜨기 모양으로 모든 코를 코막음.

마무리

소매 꿰매기

겨드랑이 중심부터 어깨 중심까지 올라가며 소매산과 소매 진동의 곡선 부분을 매트리스 스티치로 함께 꿰맨다. 소매 코막음한 코 전까지 계속 연결하여 꿰맨 후 남은 꼬리실을 정리한다.

소매 진동의 반대쪽 면도 똑같이 작업한다.

소매에 남아 있는 코막음한 부분을 한데 모아 진동둘레 남은 부분에 꿰맨다.

남은 꼬리실을 정리한다.

단춧구멍 만들기

1.5㎜ 코바늘을 사용해 넥밴드 경계 부분에 단춧구멍 3개를 아래와 같이 만든다.

넥밴드 겉면 제일 위에서 시작하여 사슬뜨기로 대략 1.5㎝ 정도 줄을 만든다.

이 줄을 넥밴드 전체에서 1/3 내려간 지점에 빼뜨기로 묶는다.

다시 사슬뜨기로 2번째 줄을 1.5㎝ 정도 만든다.

이 줄을 넥밴드 전체에서 2/3 내려간 지점에 빼뜨기로 묶는다.

다시 사슬뜨기로 길이가 같은 3번째 줄을 만든다.

이 줄을 넥밴드 가장 아래에 빼뜨기로 묶는다.

남은 꼬리실을 정리한다.

지름이 약 12㎜ 되는 단추 3개를 구멍에 맞게 반대쪽 넥밴드에 꿰맨다.

남은 꼬리실을 정리하고 부드럽게 스팀한다.

차트 A

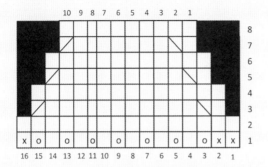

차트 B

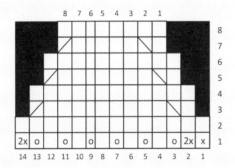

차트 C

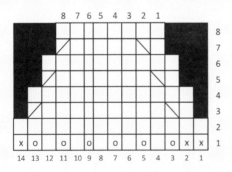

기호 도안 읽는 법

	편물 겉면에서 겉뜨기, 편물 안면에서 안뜨기
x	편물 겉면에서 안뜨기, 편물 안면에서 겉뜨기
	겉뜨기 모양으로 1코 걸러뜨기, 겉 1, 걸러뜬 코로 덮어씌우기
	겉뜨기로 2코 모아뜨기
o	바늘비우기
2x	안뜨기로 2코 모아뜨기

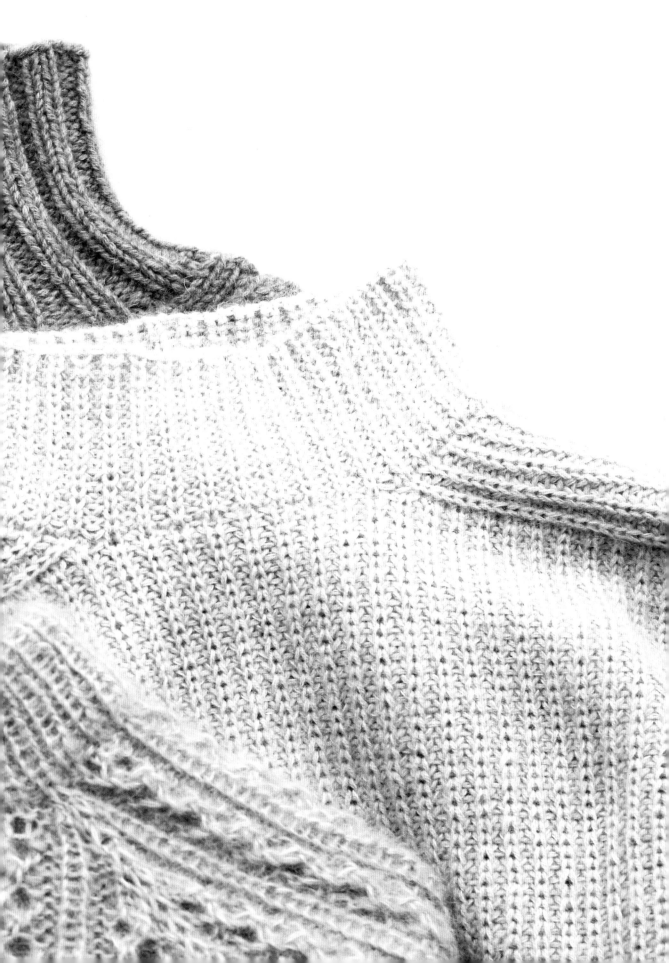

기법

—

이 책에 등장하는 테크닉 중 꼭 필요하지만 약간의 난이도가 있는 핵심 기법을 따로 모았다.
도안마다 해당 기법이 나오는 부분에 페이지 표시를 해두었으니 확인하고 도움을 얻기 바란다.

패턴에 맞춰 코막음
이전 단에서 뜬 방식대로 코막음한다. 예를 들어 이전 단에 겉뜨기했던 코라면 겉뜨기 모양으로
코막음한다.

이탈리아식 코막음 기법
1코 고무뜨기 코막음이라고도 불리는 이 방법을 사용하면 전문가가 손질한 것처럼 깔끔하게
끝단을 마무리할 수 있다. 마지막 단을 뜬 후 편물 가로 길이의 3배 정도만 남기고 실을 자른다.
실을 돗바늘에 꿴 후 첫 번째 코에 안뜨기 모양으로 통과한다. 돗바늘을 편물 뒤로 가져가 첫
번째 코와 2번째 코 사이로 통과하여 편물 앞으로 가져온다. 그다음 2번째 코에 겉뜨기 모양으로
통과한다. *돗바늘을 다시 편물 앞으로 가져와 첫 번째 코에 겉뜨기 모양으로 통과한 후 그 코를
바늘에서 뺀다. 돗바늘을 바늘에 있는 2번째 코에 안뜨기 모양으로 통과한다. 다시 첫 번째 코에
안뜨기 모양으로 통과한 후 그 코를 바늘에서 뺀다. 돗바늘을 편물 뒤로 가져가 바늘의 첫 번째
코와 2번째 코 사이로 통과한다. 그다음 바늘의 2번째 코에 겉뜨기 모양으로 통과한다.* 전부
코막음될 때까지 *~*를 반복한다.

더블스티치 코막음 기법
왼쪽 바늘에 걸린 첫 코에서 아래 2번째 단의 v자 코의 중심을 편물 뒤에서 앞으로
찔러 2번째 단의 코를 뒤로 건져 올린다. 건져 올린 코를 꼬지지 않게 왼쪽 바늘에
끼운 뒤, 왼 바늘의 2코를 한번에 찔러 k2tog한다. 이후 이전 코로 덮어씌운다.
전부 코막음 될 때까지 반복한다(니팅 포 올리브 유튜브 참고).

소매 진동 감아코 만들기
작업 도중 새로운 코를 잡을 때 감아코를 만든다. 마지막 코를 뜬 후 실로 고리를 만들고
실 끝을 고리 앞쪽에 둔 채로 오른쪽 바늘을 앞에 있는 실 왼쪽에서 고리 구멍에 넣어
뒤쪽 실을 끌어 바늘에 코가 생길 때까지 잡아당긴다(작업 중인 실 끝이 고리 뒤쪽에 있으면
바늘에 넣을 때 고리가 풀려 코가 생기지 않는다).

겹단 목둘레 혹은 진동둘레 단 뜨기

고무뜨기로 특정 길이만큼 뜬 후 시작 코 부분이 편물 뒤로 가도록 반으로 접는다.
코잡은 단의 코와 바늘에 있는 코를 나란히 정렬하고 함께 겉뜨기한다.

아랫단 겉 1

왼쪽 바늘의 첫 코 아랫단에 있는 코에 바늘을 찔러 겉뜨기한다.

아랫단 겉 1(늘림)

하프 피셔맨 립에서 코늘림할 때는 한번에 새로운 코를 2개 만들어야 피셔맨 립 무늬가 유지된다.
아랫단 코에 겉뜨기한 후 코를 빼지 않은 상태에서 실을 오른쪽 바늘에 감고(바늘비우기),
다시 같은 아랫단 코에 겉뜨기한다. 그리고 코를 빼면 2코가 늘어난다.

겉뜨기 꼬아뜨기(k-tbl)

코의 뒤쪽에 바늘을 찔러 겉뜨기한다.

겉뜨기 코늘리기(kfb)

겉뜨기하면서 마지막에 코를 빼기 전 오른쪽 바늘을 왼쪽 바늘 뒤로 보낸 후 왼쪽 바늘에 걸려
있는 코의 뒤쪽 부분에 오른쪽 바늘을 찔러 다시 한번 겉뜨기한다. 이렇게 하면 한 코가 늘어난다.

겉뜨기 모양으로 왼코 늘리기(m1)

오른쪽 바늘 코와 왼쪽 바늘 코 사이에 있는 루프를 왼쪽 바늘로 앞쪽에서 찔러 건져 올린다.
걷어 올린 코의 뒤쪽으로 겉뜨기한다. 이 코늘림 기법을 '겉뜨기 모양으로 왼코 늘리기'라고 한다.

편물 겉면에서 겉뜨기 모양으로 왼코 늘리기(m1L(겉))

오른쪽 바늘 코와 왼쪽 바늘 코 사이에 있는 루프를 오른쪽 바늘로 편물 뒤쪽에서부터 찔러
건져 올린다. 그것을 왼쪽 바늘로 옮긴 후 뒤쪽 고리로 겉뜨기한다.

편물 겉면에서 겉뜨기 모양으로 오른코 늘리기(m1R(겉))

오른쪽 바늘 코와 왼쪽 바늘 코 사이에 있는 루프를 오른쪽 바늘로 편물 앞쪽에서 뒤로 찔러
건져 올린다. 그것을 왼쪽 바늘로 옮긴 후 겉뜨기한다.

편물 안면에서 안뜨기 모양으로 왼코 늘리기(m1L(안))

오른쪽 바늘 코와 왼쪽 바늘 코 사이에 있는 루프를 오른쪽 바늘로 편물 앞쪽에서 뒤로 찔러
건져 올린다. 그것을 왼쪽 바늘로 옮긴 후 안뜨기한다.

편물 안면에서 안뜨기 모양으로 오른코 늘리기(m1R(안))

코와 코 사이에 있는 루프를 오른쪽 바늘로 편물 뒤쪽에서 앞으로 찔러 건져 올린다.
그것을 왼쪽 바늘로 옮긴 후 뒤쪽 고리로 안뜨기한다.

코를 스티치 홀더나 자투리 실에 옮기기

자투리 실을 커다란 돗바늘에 꿰어 뜨개바늘에 있는 특정 코를 돗바늘로 자투리 실에 옮긴다.
모든 코가 자투리 실에 옮겨지면 양 끝을 함께 묶어 코가 빠지지 않도록 한다.

경사뜨기

더블스티치 만들기: (앞단에서 편물을 뒤집은 후) 실이 연결된 코를 오른쪽 바늘에 안뜨기 모양으로
넘긴다. 실을 편물 뒤쪽으로 당겨 바늘에 있는 코에 고리 2개가 걸린 것을 확인한다.
다음 단을 뜰 때 이 고리 2개 차례가 되면 모아뜨기한다.

패턴에 맞춰 뜨기

뜨려는 코 아랫단에 있는 코와 같은 방식으로 뜬다. 겉뜨기 코는 겉뜨기로 안뜨기 코는 안뜨기로
뜬다.

바늘비우기

바늘비우기는 편물에 아일렛 무늬를 만들어 내는 간단한 코늘림 기법으로, 레이스 무늬를 뜰 때
자주 사용된다. 레이스 무늬를 뜰 때 바늘비우기하는 경우 보통 코줄임을 같이 하여 콧수가
유지되도록 한다. 바늘비우기란 작업 중인 실을 오른쪽 바늘에 1번 감아줌으로써 새로운 코 하나를
만드는 것이다. 다음 단에서는 이 코를 다른 코와 마찬가지로 겉뜨기나 안뜨기한다.

기호

—

[ ] 가장 작은 사이즈가 기호 앞에 나오며, 뒤로 갈수록 큰 사이즈를 나타낸다.
쉼표로 사이즈를 구분한다.
( ) ( )안에 들어간 지시를 바로 뒤에 언급한 횟수만큼 실행한다.
~ 별표 사이에 들어간 지시를 바로 뒤에, 혹은 그 이후 언급한 횟수만큼 반복한다.

약어

—

겉	겉뜨기
안	안뜨기
아랫단 겉 1	한 단 아래 있는 코를 한 번 겉뜨기한다.
alt	교대로
approx	대략
beg	시작
tog	모아뜨기
k2tog	겉뜨기로 2코 모아뜨기 2코를 바늘로 한번에 찔러 겉뜨기한다.
p2tog	안뜨기로 2코 모아뜨기 2코를 바늘로 한번에 찔러 안뜨기한다.
tbl	뒤쪽 고리로
k2tog-tbl	겉뜨기로 2코 모아 꼬아뜨기 바늘로 2코의 뒤쪽 고리를 한번에 찔러 겉뜨기한다.
p2tog-tbl	안뜨기로 2코 모아 꼬아뜨기 바늘로 2코의 뒤쪽 고리를 한번에 찔러 안뜨기한다.
kfb	겉뜨기 코늘리기 코의 앞쪽 고리에 겉뜨기하고 뒤쪽 고리에 겉뜨기하여 코늘림한다.
pfb	안뜨기 코늘리기 코의 앞쪽 고리에 안뜨기하고 코를 빼기 전에 오른쪽 바늘로 뒤쪽 고리를 다시 앞에서 뒤로 찔러 안뜨기하여 코늘림한다.
(겉)	겉뜨기 모양으로
(안)	안뜨기 모양으로
m1	겉뜨기 모양으로 1코 늘리기
m1(안)	안뜨기 모양으로 1코 늘리기
m1L	왼코 늘려 왼쪽으로 기운 코 만들기
m1R	오른코 늘려 오른쪽으로 기운 코 만들기
sl1(겉)	겉뜨기 모양으로 1코 걸러뜨기
sl1(안)	안뜨기 모양으로 1코 걸러뜨기
메리야스뜨기	겉면은 모두 겉뜨기하고 안면은 모두 안뜨기한다.

이성아

책과 글쓰기가 좋아 영문학을 전공했고 둘을 동시에 다루는 번역에 매료되어 글밥 아카데미 문을 두드렸다. 타국의 언어가 품고 있는 문화와 문장 속에 도사린 뉘앙스를 포착하여 우리말로 세공하는 일에 매력을 느낀다. 현재 바른번역 소속 전문 번역가로 활동 중이다.

니팅 포 올리브

초판 1쇄 발행	2024년 11월 11일
초판 2쇄 발행	2024년 12월 11일
지은이	니팅 포 올리브
옮긴이	이성아
감수	강혜빈
펴낸곳	㈜앵글북스
주소	서울시 종로구 사직로8길 34 경희궁의 아침 3단지 오피스텔 407호
전화	02-6261-2015
메일	contact.anglebooks@gmail.com
ISBN	979-11-87512-98-1 13590